W0309097

Agata Loth-Ignaciuk
Bartłomiej Ignaciuk

14000 MEILEN über das Meer

Mit dem Kajak über den Atlantik

GERSTENBERG

Kajakfahren ist ein großer Spaß. Ich kann nur jedem empfehlen, es auszuprobieren. Um mit einem Kajak sicher den Atlantik zu überqueren, braucht es aber viel Wissen, Erfahrung und Können. Erst als ich über all das verfügte, konnte ich die Ozeanfahrten richtig genießen.

Aleksander Doba

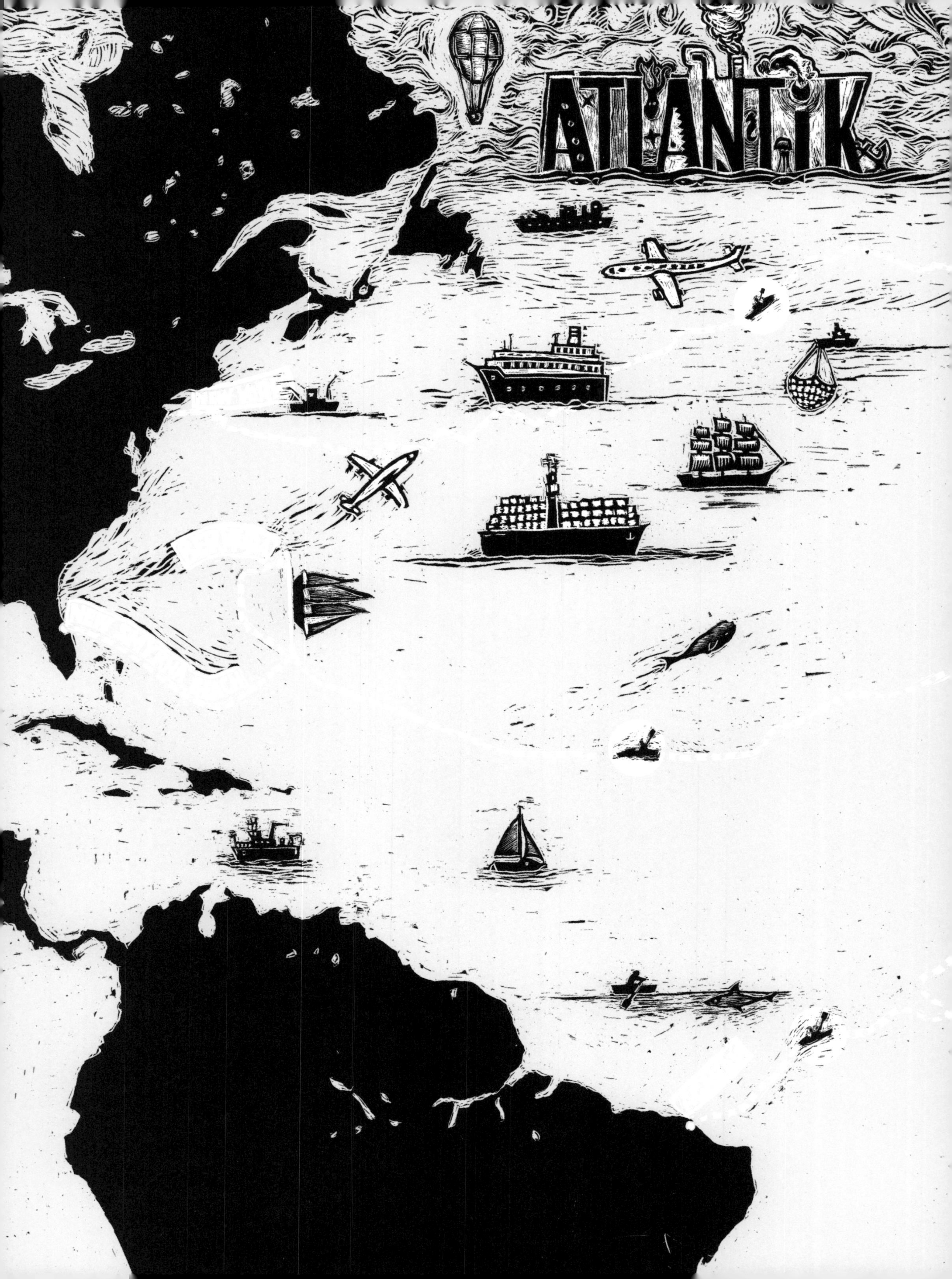
ATLANTIK

Der Atlantik ist ein riesiger Ozean mit einer Fläche von über 100 Millionen Quadratkilometern. Er ist fast 300-mal größer als Deutschland. An der breitesten Stelle dieser Wassermasse liegen 8800 Kilometer zwischen Europa und Amerika. Um diese Entfernung zu überwinden, müsste man fünfzehnmal von Berlin nach Warschau oder achtmal von Berlin nach Paris fahren. Am schnellsten lässt sich diese Distanz mit dem Flugzeug meistern. Man kann den Atlantik aber auch mit einem Frachtschiff, einem Segelschiff oder einem U-Boot überqueren. Manch einem gelingt es sogar, mit einem Segelboot vom einen Kontinent zum anderen zu gelangen.

Schon mehrere Hundert Menschen haben den Atlantik in Segelbooten, Rettungsbooten oder Schlauchbooten bezwungen. Viele Wagemutige verloren bei diesen Versuchen ihr Leben. Doch es gibt nur einen Menschen auf der Welt, dem es bisher gelungen ist, den Atlantik zu überqueren, indem er sein Kajak ausschließlich mit Muskelkraft antrieb, Tag und Nacht ohne Landgang auf dem Wasser verbrachte und dabei solch gewaltige Strecken zurücklegte, wie auf der Karte zu sehen: Aleksander Doba, den Abenteurer aus Polen. Er überquerte den Ozean schon dreimal: an der engsten Stelle – von Afrika nach Südamerika; an der breitesten – von Europa nach Nordamerika; und im Norden – auf einer kalten und stürmischen Route von Nordamerika nach Europa.

Zakłady Chemiczne

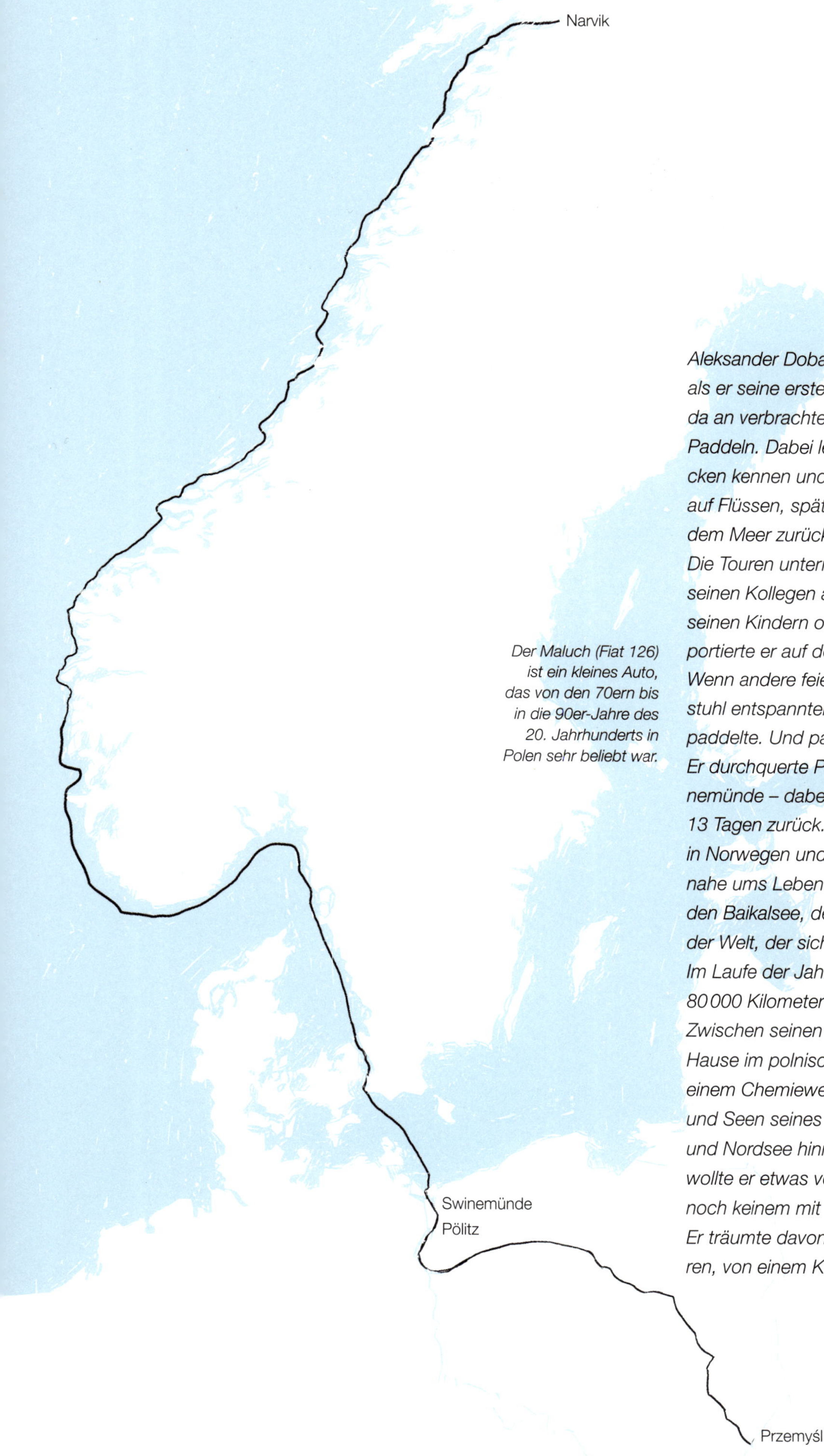

Der Maluch (Fiat 126) ist ein kleines Auto, das von den 70ern bis in die 90er-Jahre des 20. Jahrhunderts in Polen sehr beliebt war.

Aleksander Doba war bereits 34 Jahre alt, als er seine erste Kajaktour unternahm. Von da an verbrachte er jede freie Minute mit Paddeln. Dabei lernte er immer neue Strecken kennen und legte Dutzende Kilometer auf Flüssen, später auf Seen und dann auf dem Meer zurück.

Die Touren unternahm er gemeinsam mit seinen Kollegen aus dem Kajakclub, mit seinen Kindern oder allein. Das Kajak transportierte er auf dem Dach seines Maluchs. Wenn andere feierten, grillten oder im Liegestuhl entspannten, paddelte Aleksander. Er paddelte. Und paddelte.

Er durchquerte Polen von Przemyśl bis Swinemünde – dabei legte er 1200 Kilometer in 13 Tagen zurück. Er fuhr von Pölitz bis Narvik in Norwegen und kam in einem Sturm beinahe ums Leben. Und er paddelte rings um den Baikalsee, den ältesten und tiefsten See der Welt, der sich im fernen Sibirien befindet. Im Laufe der Jahre legte Aleksander rund 80 000 Kilometer zurück.

Zwischen seinen Touren arbeitete er zu Hause im polnischen Pölitz als Ingenieur in einem Chemiewerk. Nachdem er die Flüsse und Seen seines Heimatlandes und die Ost- und Nordsee hinreichend erkundet hatte, wollte er etwas vollbringen, was vor ihm noch keinem mit dem Kajak gelungen war: Er träumte davon, den Atlantik zu überqueren, von einem Kontinent zum anderen.

VORBEREITUNGEN

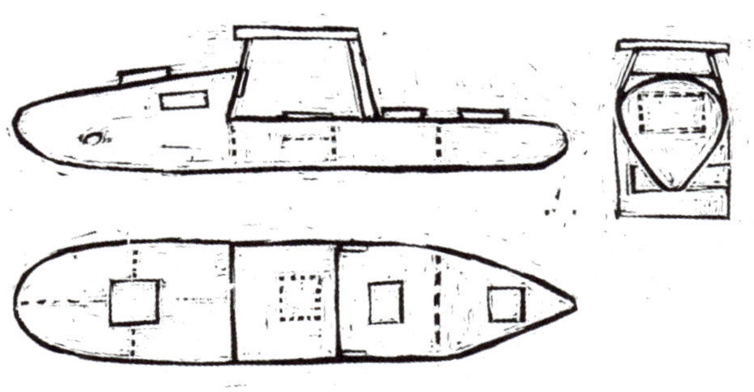

Der erste Entwurf – Skizze des Ozeankajaks, von Aleksander Doba gezeichnet

Die Erfüllung seines Traums, die transatlantische Reise mit dem Kajak, verlangte von Aleksander Doba intensive Vorbereitungen. Er musste alles im Detail organisieren und seinen Plan Schritt für Schritt ausführen.

Entwürfe

Aleksander Doba nahm Bleistift und Notizbuch und begann zu zeichnen. Nach vielen Versuchen entstand ein Entwurf nach seinen Vorstellungen: das Ozeankajak. Nun musste er jemanden finden, der ein solches Kajak bauen konnte. Dieser Jemand war Andrzej Armiński, ein erfahrener Segler und Besitzer einer Werft in Stettin. Der Bootsbauer war begeistert von der Idee, glaubte an das Können Aleksanders und beschloss, ihn zu unterstützen.

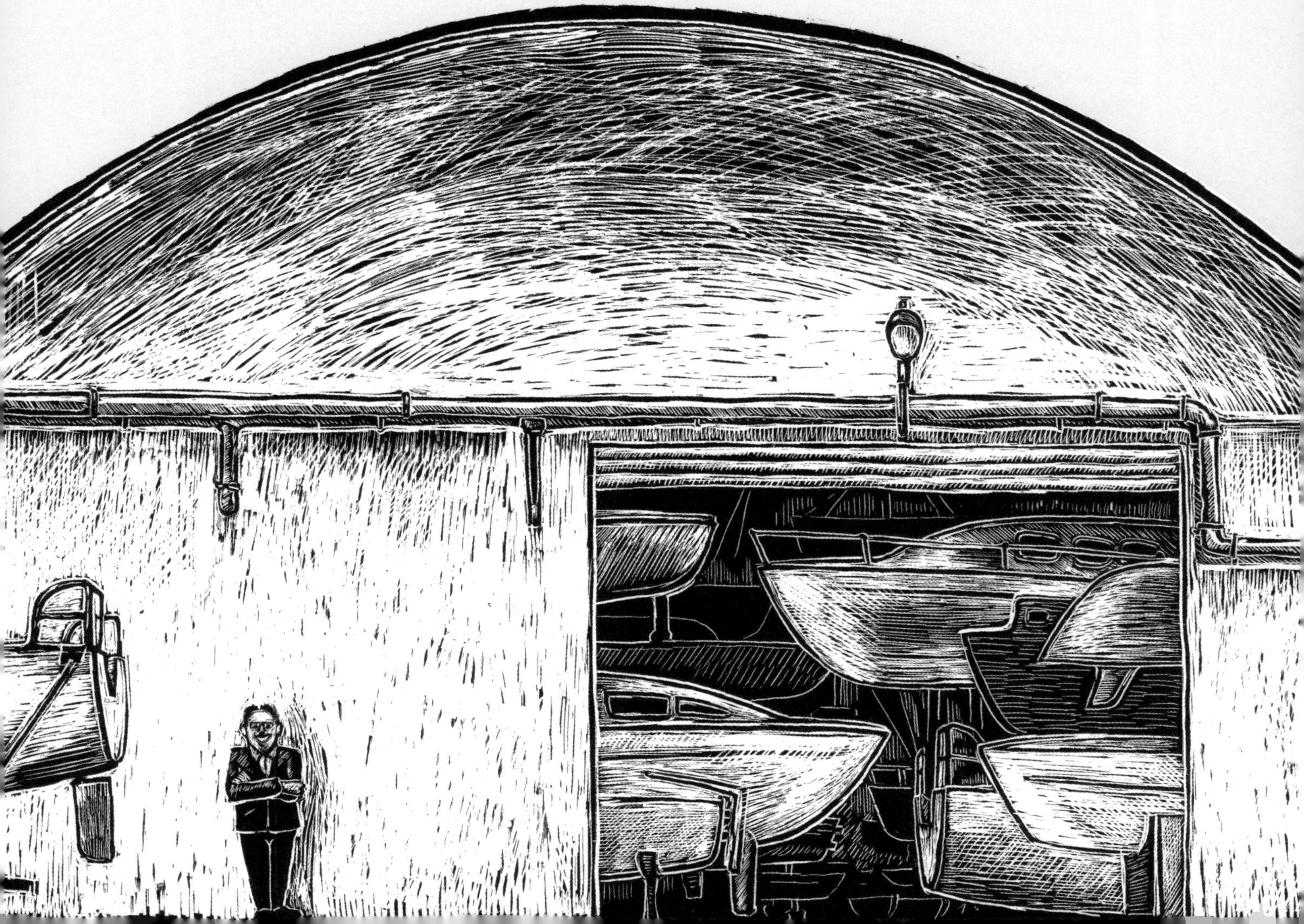

Der Bau des Ozeankajaks

In der Stettiner Werft versammelte sich ein Team von Konstrukteuren. Die Spezialisten versuchten zusammen mit Aleksander, das Kajak für alle möglichen Herausforderungen auf dem Ozean zu wappnen. Was, wenn das Boot kenterte? Starker Wind und heftige Stürme wurden ebenso in die Überlegungen einbezogen wie Gewitter oder haushohe Wellen. Das Team musste auf dem Kajak Platz zum Schlafen, zum Kochen und zum Verstauen von Geräten, für Ersatzteile und die auf Seereisen nötige Ausrüstung einplanen.

Nach Monaten gemeinsamer Arbeit entstand Olo, das Ozeankajak. Es war unsinkbar und würde sich, wenn es kenterte, von selbst wieder aufrichten. Es sah nicht wie ein normales Kajak aus. Für ein derartiges Vorhaben war eben eine Spezialanfertigung vonnöten!

Für ein Kajak war es groß. Aber für ein Haus, das man mehrere Monate nicht verlassen kann, war es sehr, sehr klein. Es war sieben Meter lang und wog etwa 300 Kilo. Das nagelneue Kajak bestand seine Bewährungsprobe im Stettiner Haff und danach in der Ostsee. Olo wurde mehrere Tage lang genauestens unter die Lupe genommen und trotzte auch Stürmen und Gewittern. Daraufhin erklärte Aleksander, das Kajak sei nun bereit für die große Reise.

starker Wind
HAUSHOHE WELLEN
UNERWARTETES
NRETNEK

Olo #1

So sah das Ozeankajak Olo aus. Das Steuerruder bediente Aleksander mit seinen Füßen, mithilfe von Pedalen im Cockpit. Von Reise zu Reise veränderte sich das Kajak ein wenig. Aleksander erledigte permanent kleinere Reparaturen und optimierte Olo sogar, während er unterwegs war.

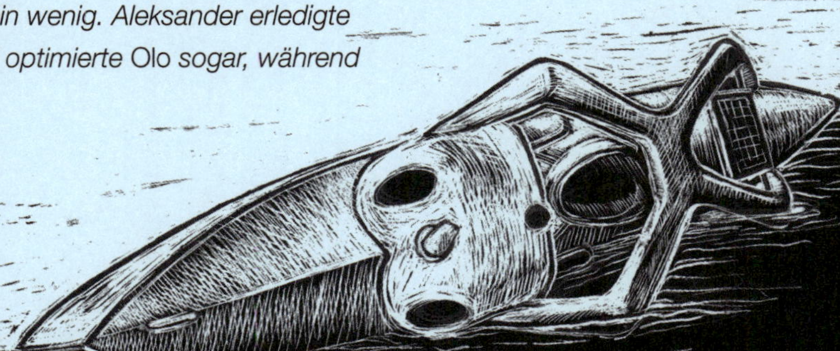

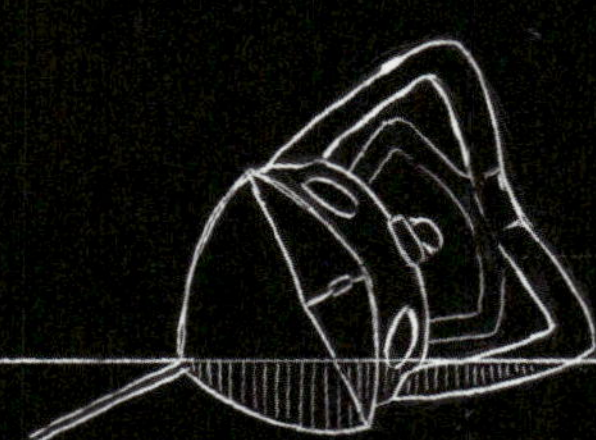

Spezielle auf dem Kajak montierte Bügel schützten es vor dem Kentern. Wenn es sich neigte, stützten sie sich auf dem Wasser ab. Sollte sich das Boot trotz dieser Sicherheitsmaßnahme umdrehen, würde es durch die Bügel und das 60 Zentimeter lange Schwert wieder aufgerichtet.

Olo wurde gelb-weiß angestrichen und an den Bügeln mit Reflektorband versehen. Auf dem Ozean gibt es keine Ampeln, die den Verkehr regeln, deshalb musste das Kajak weithin sichtbar sein.

Olo #2

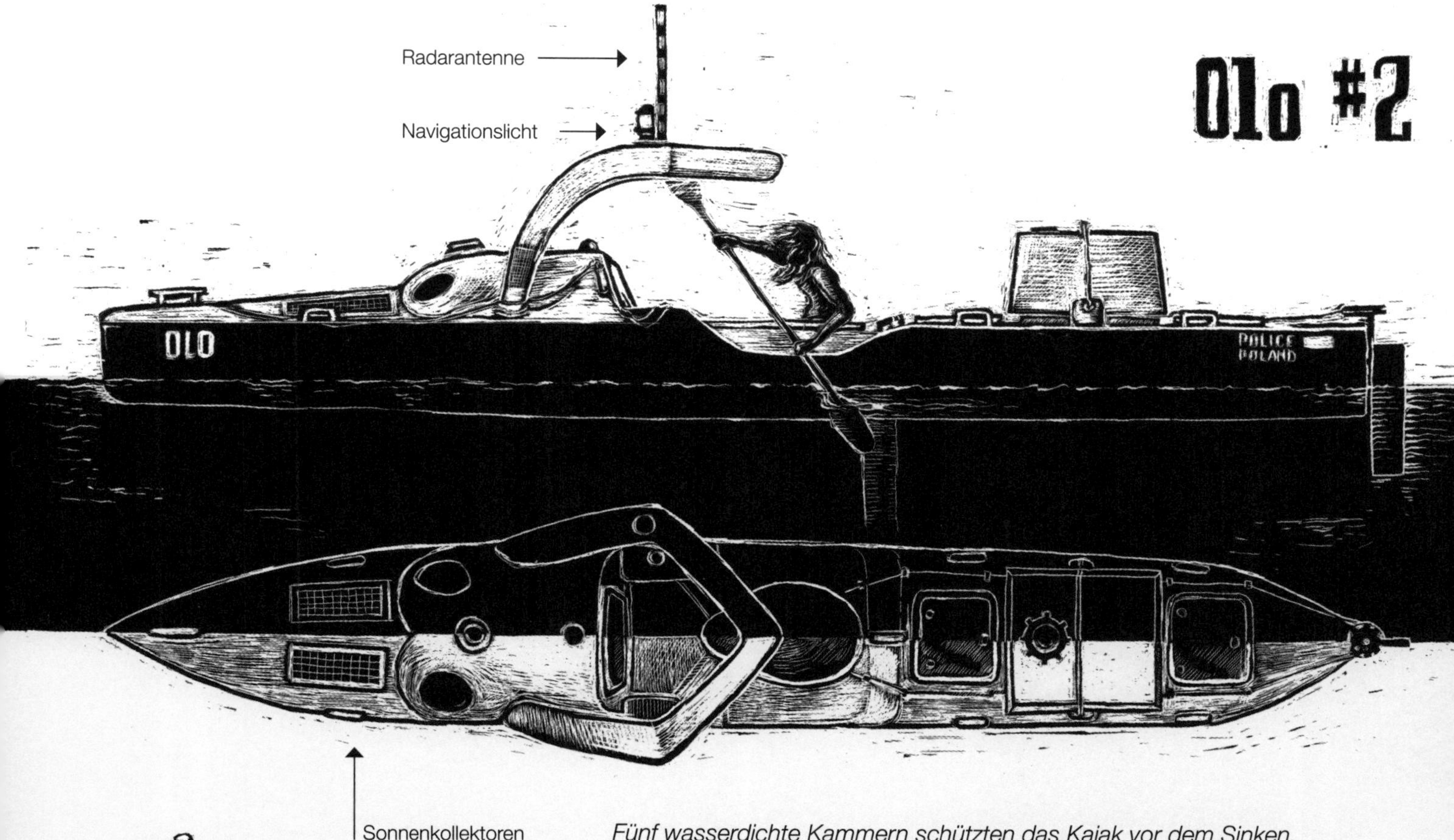

Fünf wasserdichte Kammern schützten das Kajak vor dem Sinken. Zwei von ihnen waren mit leichtem Verdrängungsmaterial gefüllt, das kein Wasser aufnahm.
Die Kiste mit den Lebensmitteln wurde auf dem Heck festgeschnallt. Sobald der Proviant verbraucht war, konnte Aleksander das Material, aus dem die Kiste bestand, verwenden, um das Kajak zu reparieren und umzubauen.

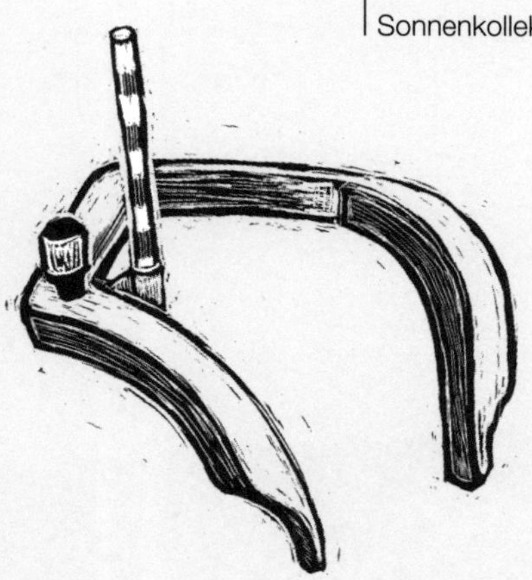

Nach der ersten Reise wurden die Bügel verkleinert und ein Navigationslicht und eine Radarantenne darauf befestigt.

Die Sonnenkollektoren am Bug erzeugten Strom. Damit konnte Aleksander die Entsalzungsanlage, die Lampe und das Ladegerät betreiben.

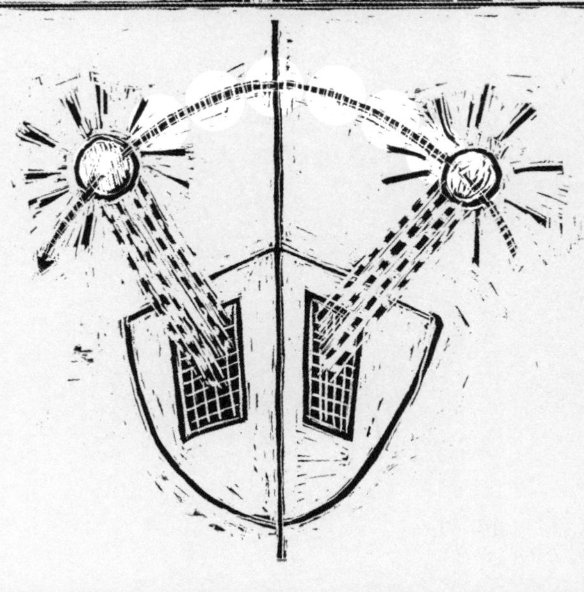

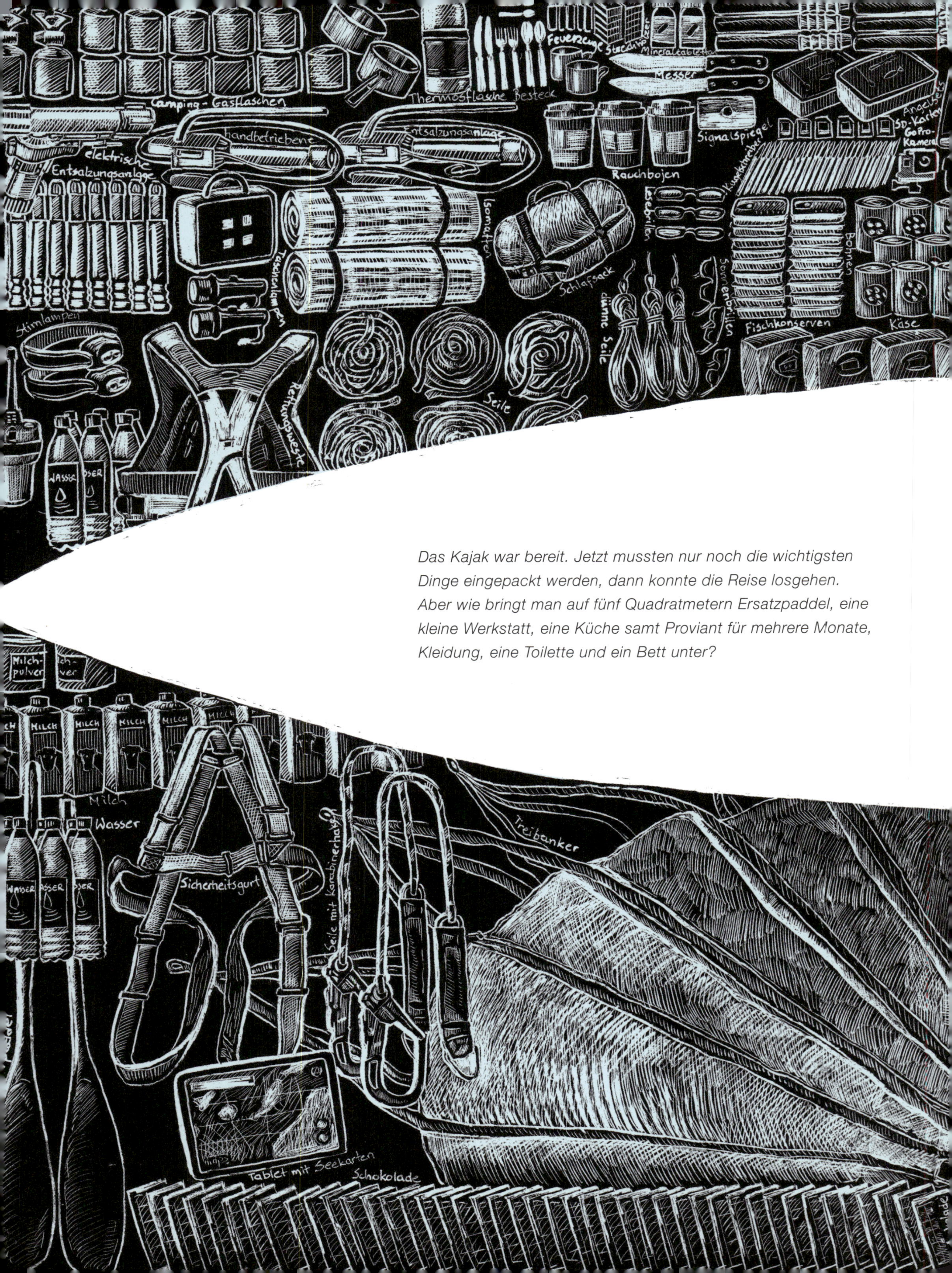

Das Kajak war bereit. Jetzt mussten nur noch die wichtigsten Dinge eingepackt werden, dann konnte die Reise losgehen. Aber wie bringt man auf fünf Quadratmetern Ersatzpaddel, eine kleine Werkstatt, eine Küche samt Proviant für mehrere Monate, Kleidung, eine Toilette und ein Bett unter?

Aleksander verteilte sein gesamtes Gepäck rund um das Kajak und holte tief Luft. Dann fing er an zu packen. Methodisch schob er alles nach dem üblichen Prinzip hinein: zuerst die schweren, selten gebrauchten Dinge, dann die leichten, die er oft benötigen würde. Die Gepäckkammer füllte er mit dem Proviant. Das Kajak bot tatsächlich für alles Platz!

Was hatte alles im Kajak Platz?

Bei schlechtem Wetter musste Aleksander gewisse Dinge schnell zur Hand haben: zusammenklappbare Paddel (3x), Spritzdecken (5x), Spezialhandschuhe (2 Paar), Treibanker (4x), eine automatische Rettungsweste, eine Auswahl unterschiedlich langer und dicker Seile, Sicherheitsgurte für Segler mit zwei Seilen und Karabinerhaken, dazu wasserdichte Fässer für verschiedenes Zubehör (9x). Er brauchte auch Geräte, um den Weg über den Atlantik zu finden und seine Position zu senden: GPS SPOT Messenger (2x), GPS-Tracker (2x), Satellitentelefone (2x), ein Tablet mit Seekarten der Karibischen Inseln und von Florida mit der Möglichkeit, GPS-Signale zu orten und die Route zu verfolgen. Aleksander hatte auch Kopien der Seekarten des Atlantiks, einen Steuerkompass, der auf dem Dach der Kajüte montiert war, einen Handpeilkompass und ein Kurslineal dabei.
Außerdem bunkerte der Abenteurer einen Vorrat an Lebensmitteln in Dosen, Einmachgläsern und Tüten für mehrere Monate: Dosen mit Fleisch und Fisch, sättigende Bohnengerichte, Reis in Beuteln, Salzstangen, Hartkäse, Süßigkeiten, Schokolade und Trockenobst, Kaffee, Zucker, Milchpulver, Kondensmilch, Wein aus eigener Herstellung und gefriergetrocknete Nahrung.

Damit er die Mahlzeiten kochen konnte, hatte Aleksander an Bord: Gaskocher (2x), 1-Liter-Propan-Butan-Gasflaschen (11x), Kochgeschirr (2 Sets), eine Thermoskanne mit breitem Deckel, Besteck (2 Sets), Chromstahlbecher (2x), Feuerzeuge (5x), Streichhölzer (10 Schachteln), Fleischermesser (2x), Geräte zum Entsalzen von Meerwasser (genauer die elektrische Entsalzungsanlage Survivor E-40 und eine handbetriebene Entsalzungsanlage) sowie die wichtigsten Mineralien in Tablettenform.
An Bord befand sich zudem Rettungs- und Notsignalausrüstung: Rauchbojen (3x), rote Fallschirmraketen (9x), rote Signalfackeln (9x), eine EPIRB-Funkboje, ein Signalspiegel, eine kleine Apotheke, Notrationen zum Überleben im Unglücksfall (20x) und Notfall-Angelsets (2x).
Aleksander packte außerdem Isomatten (2x) und einen Schlafsack ein, Lesebrillen (3x), ein Notizbuch, A4-Papier für Notizen (20x), Kugelschreiber (25x), Bleistifte (3x), ein Fernglas, Taschenlampen (2x) und Stirnlampen (2x), eine GoPro-Kamera, wasserdichte Kameras (2x), Speicherkarten und eine Tauchermaske mit Schnorchel.

Die Spritzdecke ist auf dem Rand des Cockpits und um die Taille des Kajakfahrers befestigt. Sie schützt das Cockpit davor, mit Wasser vollzulaufen, wenn eine Welle über das Kajak rollt (nicht nur bei Sturm).

Ein Treibanker ist ein schwimmender Anker, der an einen Fallschirm oder einen Sack erinnert. Er verhindert, dass das Kajak abtreibt. Bei Sturm hält er den Bug des Kajaks gegen die Wellen, sodass es nicht kentert.

Gefriertrocknung oder Lyophilisierung nennt man den Prozess, Lebensmittel zu trocknen. Damit kann Nahrung mit wenig Gewicht und vollem Nährwert transportiert werden.

Eine Rauchboje ist eine Signalkerze für das Meer. Sie markiert die Position eines Schiffbrüchigen und gibt die Windrichtung an.

Die EPIRB-Funkboje gibt Alarmsignale an Satelliten ab, die sich in der Umlaufbahn bewegen. Das Objekt, das sich in Gefahr befindet, kann so geortet werden.

Eine GoPro-Kamera ist eine kleine wasserdichte Kamera.

Die Organisationsmaschine

Eine solche Reise zu organisieren ist so, als setze man eine komplizierte Maschine in Gang. Jedes noch so kleine Detail war wichtig. Der Erfolg der Expedition hing davon ab, dass genug zu essen da war oder Reservepaddel, falls eines verloren ging. Aleksander Doba plante und schuftete unermüdlich. Dann war das Ozeankajak startklar und alle unentbehrlichen Geräte zur Wasseraufbereitung, Stromerzeugung, Navigation und Kommunikation an Bord. Nahrung und Wasser standen bereit. Das Kajak war gepackt. Jetzt musste die beste und sicherste Route festgelegt, der Transport des Kajaks von der Werft in den Hafen und der Flug des Kajakfahrers zum Ausgangspunkt der Reise organisiert sowie Sponsoren angeworben werden. Aleksander Doba bekam Hilfe von seinen Freunden, doch die Hauptverantwortung lag allein auf seinen Schultern. Der Abenteurer wurde zum Alleinunternehmer.

Die Strategie

Bei seinen Vorbereitungen wurde Aleksander von vielen Personen unterstützt. Andrzej Armiński, der Erbauer des Kajaks, war ebenfalls ein erfahrener Segler und half dem Abenteurer dabei, die beste Route zu bestimmen. Die beiden brüteten stundenlang über den Karten. Sie sammelten Informationen darüber, welche Winde in den verschiedenen Regionen des Ozeans wehen, wo und in welcher Richtung Meeresströmungen verlaufen, welche Regionen des Atlantiks besonders gefährlich sind, wo es die meisten Stürme gibt und wo die meisten Gewitter. Jeder Windhauch und jede Strömungsstärke war für das Kajak von Bedeutung. Beides konnte helfen oder verhindern, dass Aleksander sein Ziel erreichte.

Am 5. Oktober 2010 verlud Aleksander Doba sein Kajak auf die Magdalena, ein Schiff mit Kurs auf Afrika. Zwei Wochen später verabschiedete er sich von seiner Familie und seinen Freunden, nahm seine Reisetasche und fuhr mit dem Auto nach Berlin.

Drei Tage später saß er im Flugzeug nach Dakar, der Hauptstadt des Senegal. Dort sollte er seine kostbare Ausrüstung im Hafen abholen und die Reise beginnen.

In Dakar wurde der Abenteurer von dem Senegalesen Lamin empfangen. Ein gemeinsamer Bekannter in Polen hatte ihm den Kontakt vermittelt.
Es war Sonntag, und Aleksander hatte nichts zu tun. Er sog die intensiven Farben und Gerüche der afrikanischen Stadt in sich auf. Mit dem Motorroller kämpften sich Lamin und er durch die lauten, verstopften Straßen. Aleksander probierte afrikanische Gerichte und lernte die gastfreundlichen Nachbarn seines Gastgebers kennen.

Am 24. Oktober traf die Magdalena im Hafen von Dakar ein. Das Kajak thronte stolz auf dem Heck. Aleksander füllte seinen Vorrat an Wasser und frischen Lebensmitteln auf. Dann bekam er beunruhigende Nachrichten: Das Kajak konnte nicht zu Wasser gelassen werden, weil ihm die erforderlichen Papiere samt Unterschrift und Stempel fehlten. Die senegalesischen Beamten erwiesen sich als schwierige Gesprächspartner, die alles Bitten und Flehen nicht erweichen konnte. Am Abend verließ die Magdalena den Hafen und das Kajak blieb auf dem Kai zurück.

Das Kajak geht ins Wasser

Mehrere Tage vergingen, bis das Okay der Behörden kam. Das Kajak konnte endlich zu Wasser gelassen werden. Das war nicht so einfach – Olo stand auf dem Kai, 100 Meter vom Wasser entfernt. Zusammen mit der Ausstattung wog das Kajak 600 Kilo. Ein Kran musste her oder ein Gabelstapler gemietet werden. Nach langen Verhandlungen mit den Beamten holte ein Hafenarbeiter einen Gabelstapler. Aleksander hatte die Stellen, an denen das Boot am Rumpf hochgehoben werden konnte, genau ausgewählt. Der Fahrer hob das Kajak an und transportierte es ans Wasser. Dabei musste er aufpassen, dass er nicht an die vielen Container, Kartons und Boote stieß, die auf dem Kai standen. Jeder noch so kleine Zusammenstoß hätte die ganze Expedition vereiteln können.
Der Staplerfahrer stellte das Kajak auf einen vorbereiteten Bootsbock an der Kante des Kais. Dann hob er langsam den Bug des Kajaks an. Als es halb über dem Wasser hing, hielt Aleksander vor Aufregung den Atem an. Ein paar Männer packten es an der Seite und stießen es – eins, zwei, drei – mit einem Ruck ins Wasser. Es klappte! Das Kajak hatte seinen ersten kritischen Moment überstanden.

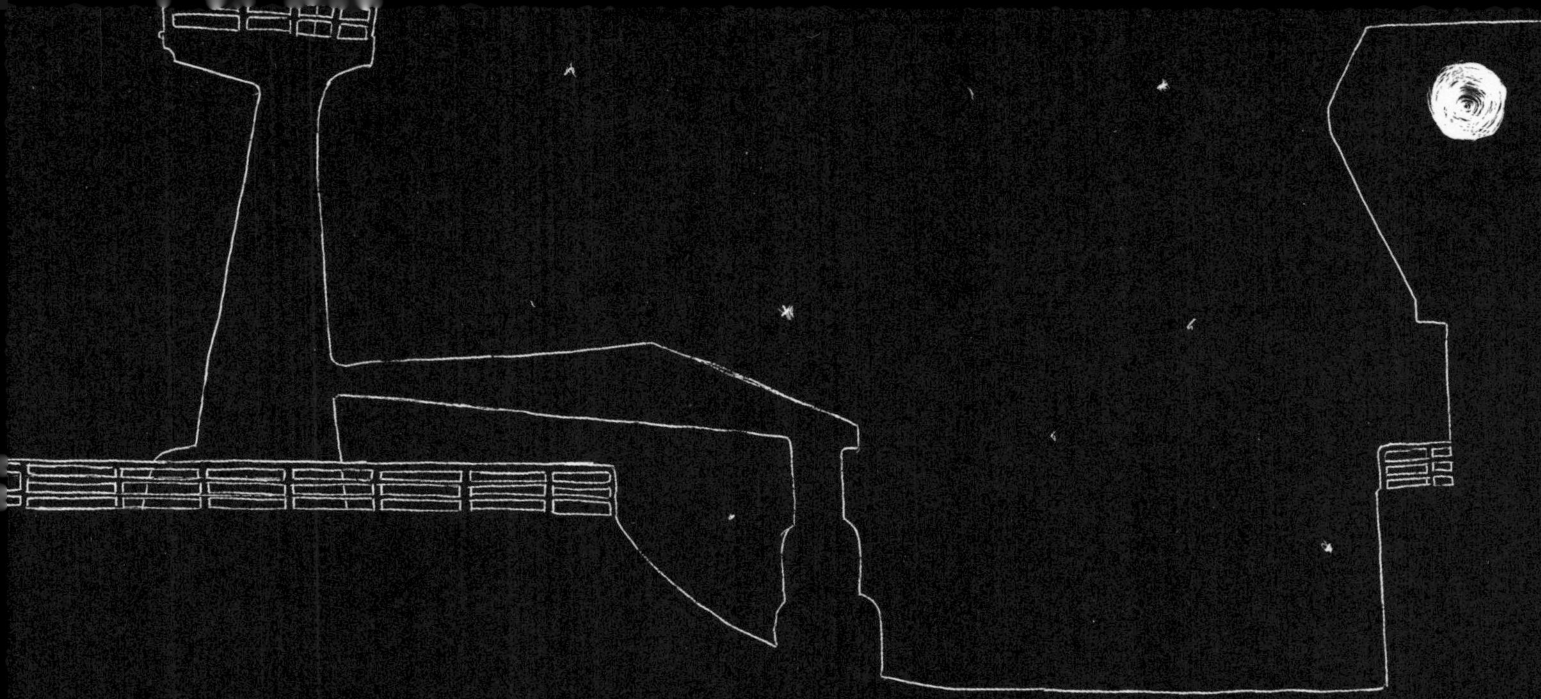

Endlich auf dem Meer

Am 26. Oktober 2010 um 15 Uhr 30 verließ Aleksander Doba das Land, setzte sich ins Cockpit seines Kajaks und tauchte das Paddel ins Wasser. An diesem Tag begann seine erste transatlantische Kajakfahrt. Sanft schaukelten die Wellen das Kajak hin und her und ein frischer Wind wehte. Der Stress, den Aleksander während der Vorbereitungen verspürt hatte, ließ langsam nach. Die Sonne verschwand hinter dem Horizont, die erste einsame Nacht auf dem Ozean zog auf. Aleksander konnte nicht einschlafen. Er beobachtete die nahe am Ufer fahrenden Frachtschiffe, Segelschiffe und Boote. Dutzende von Navigationslichtern zeigten ihm, dass er auf dem Meer nicht allein war. Nach ein paar Tagen entfernte sich das Kajak von der Küstenzone. Je weiter es sich vom Land und den Hauptschiffsrouten fortbewegte, desto weniger Schiffe sah Aleksander am Horizont. Die Reise hatte endlich begonnen.

EINSAMKEIT

Im Westatlantik kommen charakteristische gelbbraune Algen vor. Von ihnen hat dieser Teil des Ozeans seinen Namen bekommen: Sargassosee. Auch eine bestimmte Planktonart ist hier sehr häufig zu finden. Diese Kleinstlebewesen ließen das Wasser, wenn das Paddel hineintauchte, grün phosphoreszieren. Das Kajak hinterließ auf dem Wasser einen leuchtenden Streifen, der an die Milchstraße am Himmel erinnerte.

Sogar in einer großen Stadt, umgeben von Tausenden Menschen, kann man einsam sein. Aleksander fühlte sich während seiner langen Reise jedoch nicht allein. Er hatte eine Familie und Freunde, mit denen er von Zeit zu Zeit sprach. Er wusste, dass sie da waren und an ihn dachten. Auf dem grenzenlos scheinenden Wasser begleiteten ihn zahlreiche Lebewesen: Vögel, Säugetiere, Fische, Meeresschildkröten, Insekten und manchmal auch Menschen.

Überraschender Besuch

Rechts, links, rechts, links. Gleichmäßig zerteilte das Paddel das Wasser. Am Horizont tauchte ein kleiner Punkt auf. Eine Haiflosse? Ein Schiff? Der Punkt wurde größer und größer, schließlich nahm er die Form einer Piroge an. Das Fischerboot hielt Kurs auf das Kajak: Aleksander bekam Besuch. Wer mag das sein?, überlegte er. Fischer? Piraten? Die Küste Afrikas ist voller Piraten. Sie sehen nicht aus wie in Fluch der Karibik, sie haben weder Haken anstelle einer Hand noch Augenklappen. Aber auch sie überfallen Schiffe und rauben sie aus. Plötzlich hing das Schicksal der Reise am seidenen Faden. Das Boot kam näher. Es war doppelt so lang wie das Kajak. Seine finster dreinschauenden Insassen überschrien sich gegenseitig. Sie versuchten, das Kajak zu sich heranzuziehen. Der einsame Reisende drückte die Piroge mit dem Paddel weg, er wollte auf keinen Fall, dass sie sich näherte. Er schüttelte energisch den Kopf und hielt die offenen Hände hoch, um deutlich zu machen, dass er nichts Wertvolles an Bord hatte. Schließlich fuhr das Boot davon. Die Gefahr war gebannt.

N.MADOU NDEYE

Stiller Besuch

Das Wetter meinte es gut mit Aleksander. Die Sonne brannte, nur bisweilen zeigten sich ein paar Wölkchen am Himmel. Der Kajakfahrer entdeckte in der Ferne ein Schiff. Erfreut darüber, dass er Menschen zu sehen bekommen würde, zog er sich ein T-Shirt über und erwartete die Begegnung.

Das Containerschiff näherte sich majestätisch. Es war zwanzigmal länger als das Kajak, wog mehrere Tausend Mal mehr und fuhr geradewegs auf Aleksander zu. Dieser winkte, hüpfte auf und ab und gab Zeichen, aber weder auf der Kapitänsbrücke noch an Deck war jemand zu sehen. Ein Geisterschiff! Das Containerschiff fuhr kaum 30 Meter entfernt an Aleksander vorbei. Wie durch ein Wunder entging der Abenteurer einer Kollision.

Begegnungen aus der Ferne

Aleksander hatte auch erfreuliche Begegnungen auf dem Atlantik. Mehrmals änderten große Schiffe extra ihren Kurs, um so nah wie möglich an dem einsamen Kajak vorbeizufahren. Aleksander bereitete sich immer auf eine Begegnung vor, sobald er ein Schiff erblickte. Er legte Fernglas, Fotoapparat und UKW-Funkgerät parat, falls jemand auf dem Schiff mit ihm Kontakt aufnehmen wollte. Der Austausch von Grüßen und kurzen Informationen war eine willkommene Abwechslung auf seiner einsamen Reise. Und der Anblick des kleinen Kajaks auf dem Ozean war sicher ebenfalls eine Zerstreuung für die vorbeifahrenden Seeleute.

Die schwarze Wolke

Immer wieder attackierten lästige Insekten das Kajak. Einige waren schwarz, andere grün. Sie waren nicht groß, vielleicht zehn Millimeter lang. Sie krochen in jede Ritze, in jeden freien Raum. Jeden Tag plagte sich Aleksander stundenlang mit ihnen herum. Er benutzte sein Paddel wie eine Fliegenklatsche, in der Hoffnung, den Fischen auf diese Weise zu einem kleinen Imbiss zu verhelfen.

Gefährten auf See

Aleksanders treueste Gefährten waren die Goldmakrelen. Sie begleiteten ihn fast auf der ganzen Reise. Die Eskorte schwamm so nah zu beiden Seiten des Kajaks, dass Aleksander sich vorsehen musste, sie nicht mit seinem Paddel zu treffen. Manchmal, wenn sie andere Fische jagten, sprangen sie ein paar Meter aus dem Wasser und landeten mit einem großen Platschen wieder im Meer. Dann bekam Aleksander eine kostenlose Dusche — oder ein versalzenes Essen.

Miniflotte

Am zweiten Weihnachtsfeiertag erschien direkt neben dem Kajak eine Flotte wundersamer Gebilde, die an kleine Geisterschiffe erinnerten. Es waren Seeblasen, genauer gesagt, Portugiesische Galeeren. Sie waren ungefähr zehn Zentimeter lang und hatten glänzende, fast durchsichtige Segel. Dieser segelartige Kamm, der über die Wasseroberfläche hinausragt, hilft den quallenartigen Meeresbewohnern, sich fortzubewegen. Unter der Wasseroberfläche haben sie lange, mehrere Meter weit reichende giftige Nesseln, die für den Menschen und kleinere Fische sehr gefährlich sind.

Großes Getümmel

Eines Nachts entstand um das Kajak herum auf einmal ein großer Tumult. Was war das?! Erst nach einer Weile begriff Aleksander: Delfine! Sie schwammen blitzschnell durch die Dunkelheit und bremsten direkt vor dem Kajak ab. Schließlich verschwanden sie so plötzlich, wie sie gekommen waren.

Auge in Auge

Einmal spürte Aleksander nachts eine Erschütterung. Was war passiert? Als wieder ein Stoß zu spüren war, beugte sich der Kajakfahrer über Bord und fand sich Auge in Auge mit einem riesigen Hai wieder. Ohne groß nachzudenken, ergriff er das Paddel und schlug dem Raubfisch mit aller Kraft auf den Kopf. Der Hai tauchte noch einmal unter dem Kajak durch. Aleksander verfolgte ihn mit seinen Blicken. Der Fisch war ungefähr dreieinhalb Meter lang. Doppelt so groß wie der einsame Kapitän! Glücklicherweise hatte der Hai wohl keine Lust, noch eins mit dem Paddel über den Kopf zu bekommen. Gemächlich schwamm er davon.

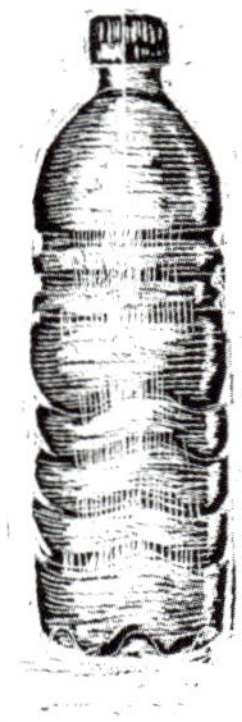

Süßwasser ist auf dem Ozean ein wertvolles Gut. Aleksander hatte nur wenige Liter Wasser in Flaschen an Bord, den Rest musste er aus Salzwasser selbst herstellen.

Die Reise über den Atlantik bestand für Aleksander Doba nicht nur aus Paddeln. Er hatte auch mit Wind und Wellen zu kämpfen, musste die Route planen, kleinere Schäden am Boot reparieren und für sein Wohlbefinden sorgen. Jeder Tag auf dem Kajak war ausgefüllt mit kleinen, alltäglichen Dingen. Auch Aleksander, der einsame Seewolf, musste ja schlafen, trinken, essen, sich waschen und auf die Toilette gehen, wie jeder andere Mensch.

Eine Wiege auf dem Ozean

Stell dir einmal die Stille und Einsamkeit auf dem Meer vor. Und auch den Sternenhimmel hoch über deinem Kopf. Sind das nicht ideale Bedingungen zum Einschlafen? Mitnichten! Die Kajüte auf dem Kajak war winzig, außerdem war sie zu Beginn der Reise voller Proviant. Platz, um die Beine auszustrecken, hatte Aleksander nicht. Die Matratze bestand aus zwei Isomatten, das Kissen war ein zusammengeknülltes T-Shirt. Aleksander musste sich zum Schlafen zusammenrollen, und obwohl ihn die Wellen manchmal in den Schlaf schaukelten, schlug doch so manche krachend an den dünnen Rumpf und riss ihn aus dem Schlummer. Luft gab es in der Kajüte kaum. Alle zwei, drei Stunden musste Aleksander den Eingang öffnen, Luft schnappen und prüfen, ob sich auf seiner Strecke kein anderes Schiff befand. Dann versuchte er wieder einzuschlafen. Oder er machte sich erneut an die Arbeit.

Jeder kennt das Gefühl, wenn es schwül und heiß ist und es dann plötzlich anfängt zu regnen. Für Aleksander war das stets eine willkommene Dusche, die das Salz von seiner Haut spülte. Das Regenwasser konnte er auch als Trinkwasser gebrauchen. Er fing es mit einer Plastikplane auf, die er zwischen die Bügel des Kajaks gespannt hatte.

Warum überhaupt Regenwasser auffangen, wenn es ringsum so viel Wasser gibt? Leider ist das Meerwasser salzig und für den Menschen ungenießbar. Es enthält 3,5 Prozent Salz.

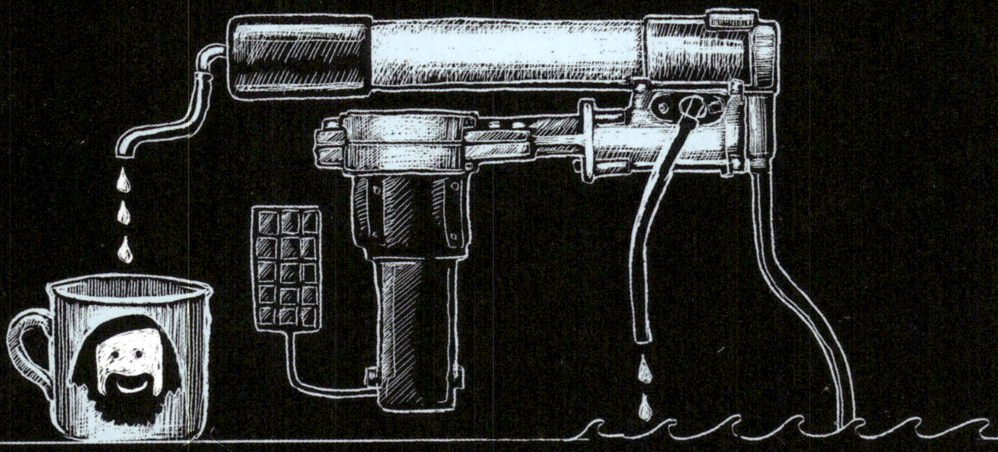

Auf dem Kajak gab es keinen Platz für die vielen Liter Wasser, die man auf einer mehrere Monate dauernden Reise braucht. Deshalb hatte Aleksander außer einem kleinen Wasservorrat auch Entsalzungsanlagen mitgenommen: eine elektrische und zwei handbetriebene als Ersatz.

REZEPT FÜR EINEN OZEANKAFFEE

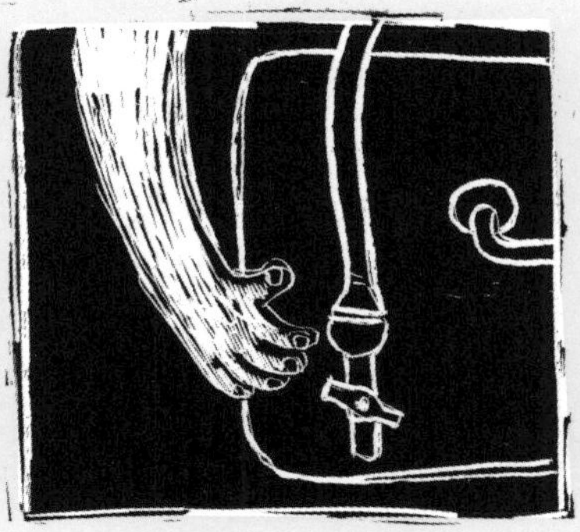

Greife in die Gepäckkammer und öffne das Salzwasserventil.

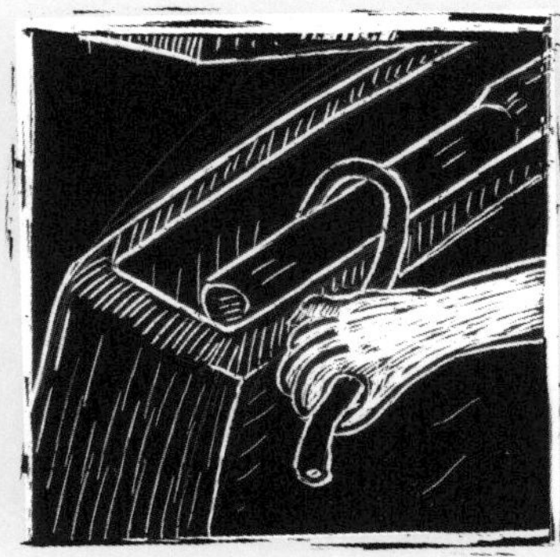

Hole den Schlauch der Entsalzungsanlage aus der Backskiste. Schalte das Gerät an.

Stelle nach ein paar Minuten einen Plastikbecher unter den Hahn und prüfe, wie das Wasser schmeckt.

Stelle eine große Flasche unter den Hahn. Während das Wasser in die Flasche tropft, kannst du weiterpaddeln.

Anschließend gießt du das Wasser in einen schwarzen Gummisack und bindest diesen auf dem Deck des Kajaks fest. Lass ihn dort, bis die Sonne das Wasser aufgewärmt hat.

Stelle einen sturmsicheren Gaskocher auf und schütte das erwärmte Wasser in einen Aluminiumbecher. Koche das Wasser. Pass auf, dass der Becher nicht umfällt! Am besten drapierst du eine Isomatte als Windschutz um den Kocher.

Gib zwei Löffel Kaffee in ein Glas. Gieße das Wasser dazu. Schraube den Deckel zu und schüttle das Glas kräftig.

Öffne den Deckel. Jetzt kommt nur noch Milch aus der Tube hinzu. Fertig ist der beste Kaffee im Umkreis von tausend Kilometern!

Wie entsteht Feuchtigkeit? Warme Luft nimmt Wasser auf. In der Nacht, wenn die Sonne nicht scheint und die Temperaturen sinken, kondensiert das Wasser in der Luft. Das, was andernorts nach einem heißen Tag auf dem Rasen zu beobachten ist, sah Aleksander auf dem Kajak: Die Kajütenwände und die Kammern waren feucht von Tau.

Atlantische Speisekarte

Wie viele Mahlzeiten isst du täglich? Drei, vier, fünf? Oder hast du öfters Lust auf einen kleinen Snack? Stell dir vor, wie viel Proviant Aleksander auf seiner Monate währenden Reise mitnehmen musste! Wie viele Mahlzeiten – Frühstück, Mittagessen, Abendessen – er einplante, um sich gesund ernähren zu können und Kraft zum Paddeln zu haben. Er aß vor allem Lebensmittel, die man lange aufbewahren kann und die nicht viel Platz brauchen, wie Tütensuppen, gefriergetrocknete Produkte, Dosengerichte, Reis, Grieß, Bohnen, Nudeln, Hartkäse, Süßigkeiten, Milch aus der Tube und als Pulver, löslichen und gemahlenen Kaffee und Trockenobst. Den Geschmack von einem guten Braten oder einem leckeren Kuchen musste er für lange Zeit entbehren.

Zu Tisch!

Eines von Aleksanders Lieblings-Mittagsmenüs war Hühnchen in fünf Geschmacksrichtungen mit Reis. Er bereitete es wie die meisten anderen seiner Gerichte zu: aus gefriergetrockneten Lebensmitteln, die in Plastikbeuteln portioniert waren. Er suchte sich die Hähnchen-Gewürzmischung seiner Wahl aus, schüttete den Inhalt in eine kleine Schüssel und gab Wasser dazu. Nach einigen Minuten war das Gericht aufgequollen und verzehrbereit. Es hatte genauso viele Vitamine und Mineralien wie eine frisch zubereitete Mahlzeit.
Der größte Feind von Lebensmitteln ist die Feuchtigkeit, und die ist auf dem Atlantik allgegenwärtig, vor allem in den warmen Zonen, in denen Aleksander fuhr.

Fliegendes Sushi

Eine Abwechslung auf Aleksanders Speiseplan waren ganz spezielle Überraschungsgäste: fliegende Fische. Mithilfe ihrer Brustflossen katapultieren sie sich aus dem Wasser, fliegen etwa 50 Meter weit und platschen dann zurück ins Meer. Sie fliegen mit einer Geschwindigkeit von bis zu 60 Kilometern pro Stunde. Manchmal kollidierten sie mit dem Kajakfahrer. Das tat ziemlich weh. Aber ab und zu landeten die Fische auch im Cockpit und ergänzten die bescheidene Speisekarte. Sehr zur Freude von Aleksander – es passiert schließlich nicht oft, dass Essen vom Himmel fällt!

Ein Bad im Ozean

Die Sonne brannte fast jeden Tag vom Himmel. In solchen Momenten hilft nur ein Bad, oder? Das dachte auch Aleksander, dem vom Paddeln ganz heiß war. Der Schweiß strömte ihm über den Rücken. Es half nichts, dass er einen Schwamm über dem Kopf ausdrückte und sich mit Meerwasser begoss. Es war an der Zeit, einen Sprung ins kühle Nass zu wagen!

Aleksander machte das Paddel fest, sicherte sich mit Gurten, setzte sich ans Heck und planschte zufrieden mit den Beinen. Gerade wollte er sich vorsichtig ins Wasser hieven, da tauchte eine große Flosse aus dem Meer auf. Schnell zog Aleksander seine Beine hoch.

Ein Bad mit einem Hai könnte zwar ein ungewöhnliches Abenteuer sein, aber womöglich das letzte im Leben! Und trotz der ungeheuren Größe des Ozeans blieb ihm zum Waschen doch wieder nur eine Schüssel.

Sportunterricht

Paddeln allein reicht nicht aus, um die Leistungsfähigkeit des Körpers zu erhalten. Einmal am Tag verwandelte Aleksander sein Kajak daher in eine Turnhalle. Er trainierte die Körperteile, die auf dem Kajak selten gebraucht wurden, vor allem die Beinmuskeln. Er hielt sich an den Bügeln des Kajaks fest und machte Armschwünge, Kniebeugen und Dehnübungen.

Toilette auf dem Atlantik

Hast du schon darüber nachgedacht, wie man auf dem Kajak auf die Toilette geht? Dort gibt es nämlich kein „stilles Örtchen“. Der Abenteurer musste seine tägliche Notdurft unter freiem Himmel verrichten. Dabei hielt er sich an den Griffen am Heck fest. Immer waren auch einige Raubfische zugegen, den Blick auf seine Pobacken gerichtet, als seien diese ein köstlicher Imbiss.

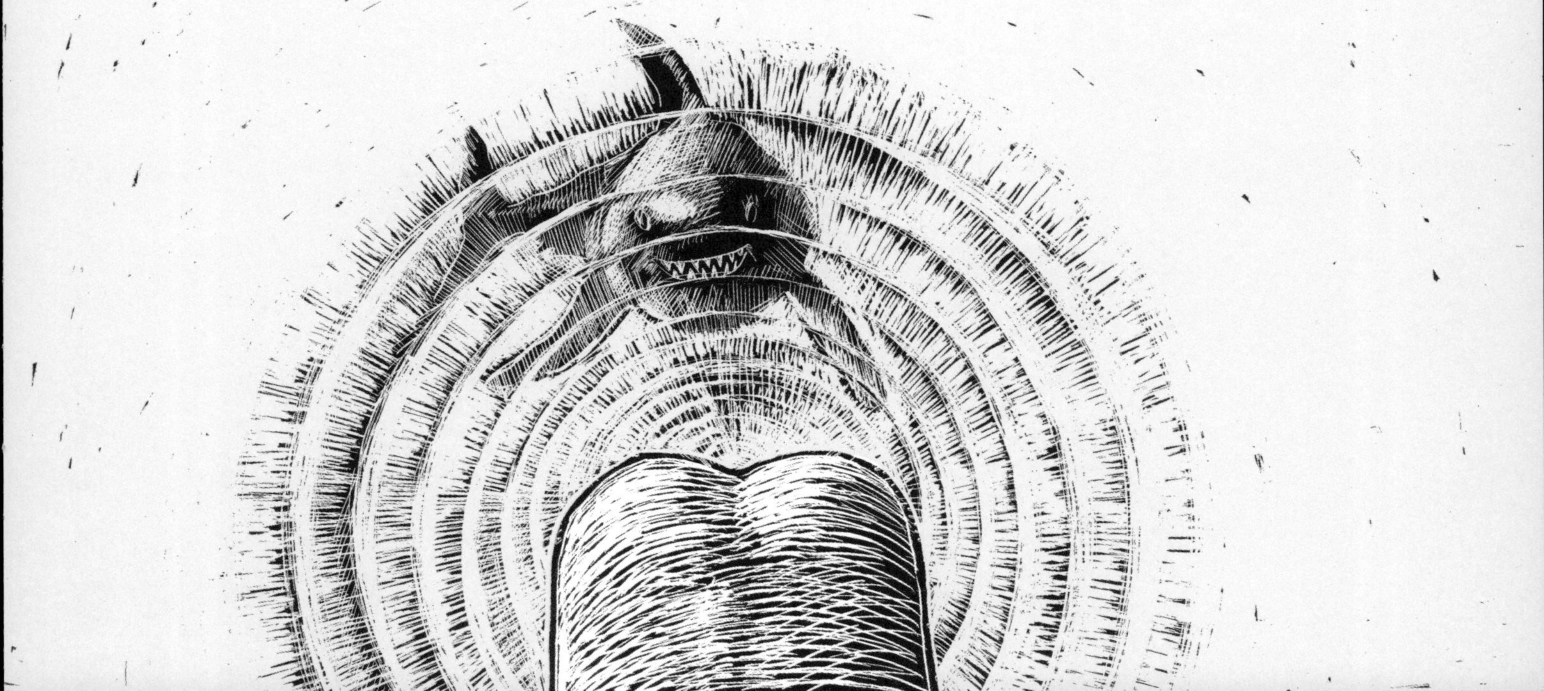

Die Windrose ist eine Zeichnung, auf der die Himmelsrichtungen angegeben sind. Sie wurde früher auf fast allen Karten abgedruckt. Scheiben mit einer aufgezeichneten Windrose werden auch in Kompassen unter die Magnetnadel gelegt.

Auf dem Ozean, weit weg vom Land, kann man das Ufer nicht sehen. Woher wusste Aleksander, in welche Richtung er steuerte? Wo Norden, Süden, Osten und Westen waren? Wie konnte er sicher sein, dass er sich nicht im Kreis bewegte?

Kompass und Kurslineal

Auf dem Ozean gibt es keine Straßen oder Schilder. Zur Orientierung verwenden Schiffe Navigationsinstrumente. Manche Geräte sind ganz einfach, andere sehr kompliziert. Bei seiner Atlantiküberquerung musste Aleksander wissen, wo er sich befand und in welche Richtung er fahren sollte. Dabei halfen ihm traditionelle, schon seit Jahrhunderten bekannte Navigationsmittel: Seekarten, Kurslineal und Kompass, aber auch das moderne Satellitennavigationssystem GPS.

Die Route bestimmen

Aleksander las auf dem GPS-Gerät ab, wo er sich befand. Auf der papiernen Seekarte trug er mit dem Bleistift seine Position ein. Er hatte für jeden Monat eine Strömungs- und Windkarte dabei. Diese Karten kommen zustande, indem jahrelang in einem bestimmten Monat Strömungen und Winde an einem bestimmten Ort auf dem Atlantik gemessen werden. Wenn der Abenteurer Satellitenverbindung über sein Telefon hatte, las er die SMS mit den Wettervorhersagen und Ratschlägen von Andrzej Armiński. Auf der Karte legte er den Kurs fest, den er fahren wollte. Beim Paddeln sah er immer wieder auf den Steuerkompass, um sicherzugehen, dass er nicht von seinem Kurs abkam.

GPS ist ein Satellitennavigationssystem. Es liefert mithilfe der Satelliten im All Informationen zur geografischen Lage einer Person oder eines Schiffs.

Der Polarstern

Ein guter Wegweiser, der fast immer funktioniert, sind die Gestirne. Seit Menschengedenken dienen sie den Reisenden als Richtungsweiser, sofern der Himmel unbewölkt ist. Auf der nördlichen Halbkugel ist der wichtigste Stern der Polarstern. Wenn die Sonne untergegangen ist, erscheint er fast genau über dem Nordpol. Unterhalb des Äquators zeigt das Kreuz des Südens, wo sich der Südpol befindet.

So wie die Seeleute früher bestimmte auch Aleksander Doba seinen Kurs mit dem Kompass. Nachts orientierte er sich an einem bestimmten Stern und lenkte so den Bug seines Kajaks in die richtige Richtung.

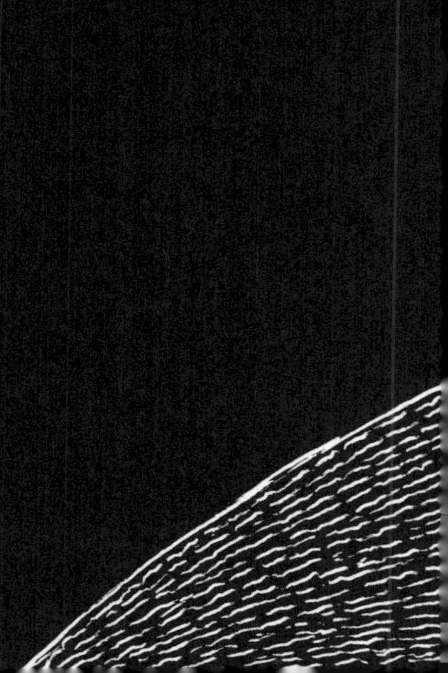

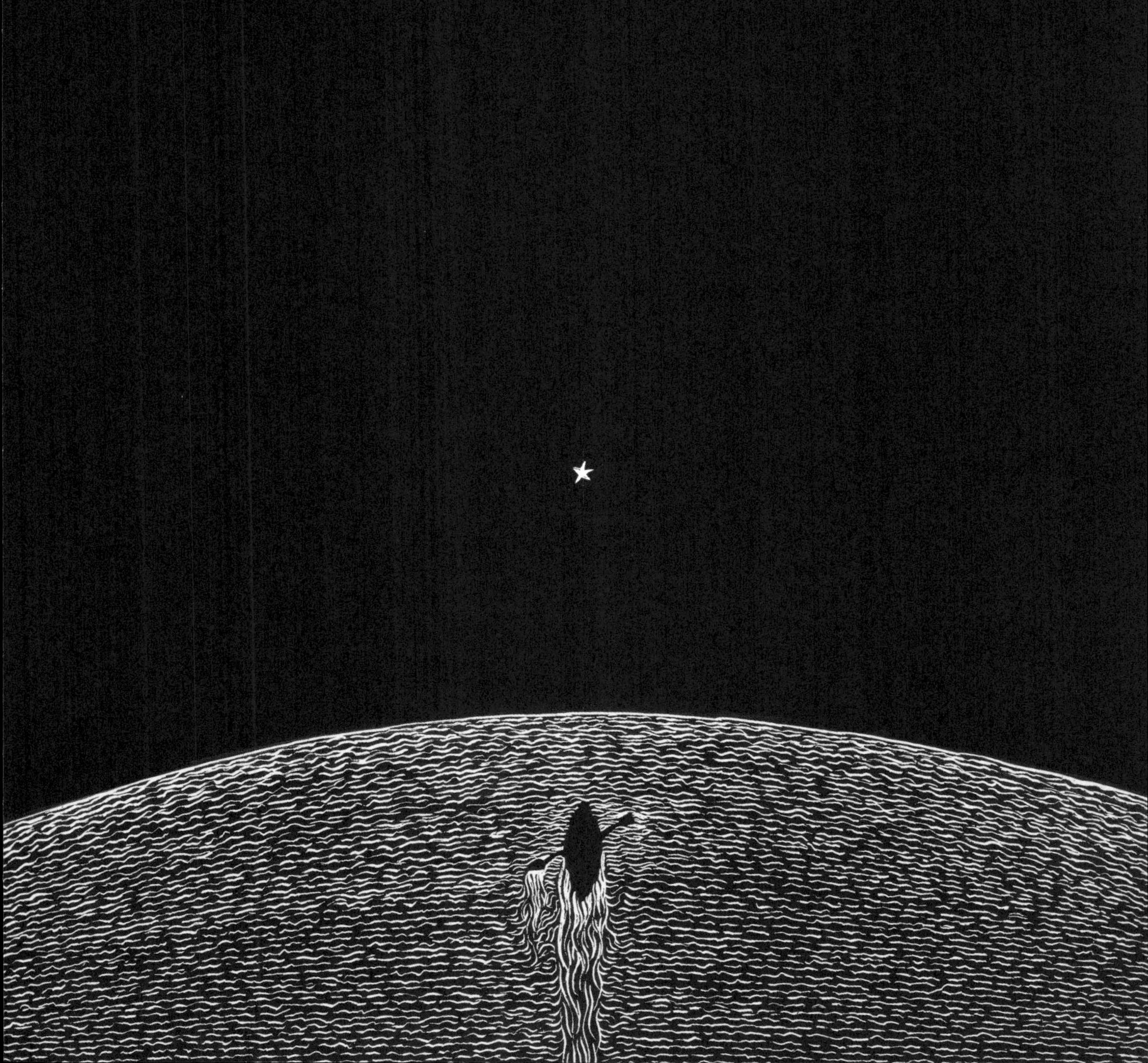

Radiowellen

Wenn Aleksanders Reise nur 120 Jahre früher stattgefunden hätte, wäre die einzige Kommunikationsmöglichkeit eine Flaschenpost oder eine Brieftaube beziehungsweise Briefmöwe gewesen.
Im Jahre 1895 begann mit der Entdeckung der Radiowellen und der Erfindung des Radios eine neue Ära in der Kommunikation. Die Seeleute konnten ihre Position weiterleiten und mit dem Land Kontakt aufnehmen. Dank moderner Technik konnten die Familienangehörigen des Abenteurers regelmäßig mit ihm über das Satellitentelefon sprechen oder ein Signal abrufen, das sie über die Position des Kajaks auf dem Atlantik informierte.

Plauderstündchen

Vom Kajak aus konnte Aleksander nicht einfach seine Frau anrufen und ein Schwätzchen mit ihr halten, wenn ihm danach war. Telefonieren funktioniert auf dem Ozean ein wenig anders, als wir es gewohnt sind. Ausgeschaltet und vor Feuchtigkeit geschützt lag das Telefon in der Kajüte. Aleksander schonte die Batterien, denn sie mussten die ganze Reise über halten. Er verabredete sich also für einen bestimmten Tag und eine bestimmte Uhrzeit zu einem Gespräch. „Sprechstunde" hatte er normalerweise dreimal pro Woche um 19 Uhr. Dann nahm er das Telefon aus der Folie und suchte mit erhobener Hand nach Empfang. Und wartete, dass es klingelte. Wenn es stürmte, war es unmöglich, zu telefonieren. Außerdem war ein Gespräch mit diesem Telefon leider sehr teuer. Deshalb blieb Aleksander vor allem durch SMS und E-Mails mit Familie und Freunden in Kontakt.

Ein Punkt auf dem Ozean

Damit sich Aleksanders Freunde und Familienangehörigen nicht ständig Sorgen machen mussten, hatte er den GPS-Sender SPOT dabei. Das batteriebetriebene Gerät sendete alle zehn Minuten die Position des Kajaks. Deshalb kannte sein Helfer Andrzej Armiński auch Aleksanders Standort. Er konnte ihm SMS mit der Wettervorhersage schicken und ihm sagen, in welche Richtung er paddeln sollte, um ein Gewitter zu umgehen oder günstigen Wind zu haben.

Windhosen, auch Tornados genannt, sind sehr schnell wirbelnde und sich bewegende Säulen aus Luft. Sie entstehen auch auf dem Ozean. So eine Windhose tanzte einmal direkt vor dem Bug des Kajaks und verschwand dann so schnell, wie sie aufgetaucht war.

Wenn man den Atlantik überquert, muss man ständig den Elementen trotzen: starkem Wind, heftigen Gewittern und langen Stürmen. Und auch wenn das komisch klingt: Man muss sogar hohe Berge, Gräben und breite Flüsse überwinden!

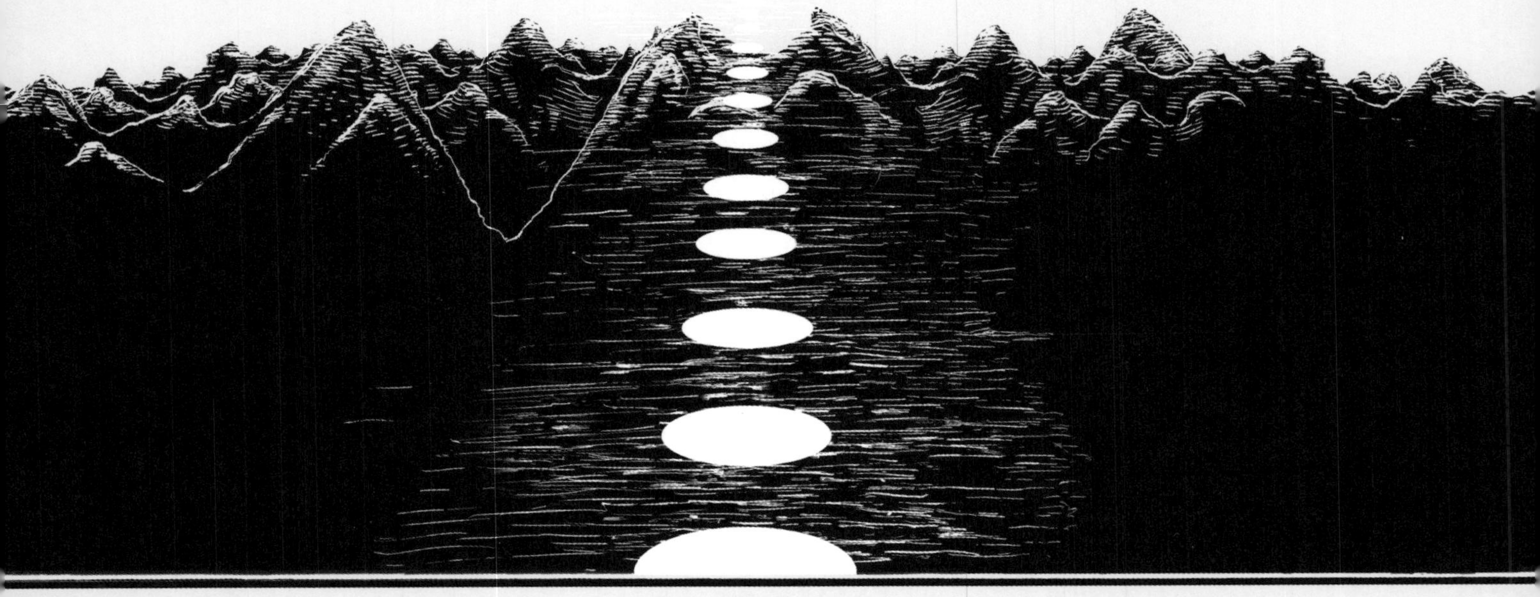

Berge und Täler im Ozean

Der Meeresgrund ist ganz ähnlich geformt wie der Boden an Land. Er ist nicht platt wie ein Pfannkuchen. Es gibt auch dort tiefe Gräben, Höhlen, Täler, Plateaus und Berge. Nur ist alles von Wasser bedeckt. Tatsächlich hatte die Form des Meeresbodens für das leichte Kajak mit wenig Tiefgang eine große Bedeutung.

Ein unsichtbares Hindernis

Eines Tages auf dem Ozean: Kein Lüftchen regte sich. Aleksander paddelte energisch, trotzdem rührte er sich schon seit ein paar Tagen nicht von der Stelle, ja fuhr sogar rückwärts Richtung Nordafrika. Was war da los? Aleksander holte die Seekarten aus einem Fass und wickelte sie aus der Folie. Wie ein Detektiv machte er sich daran, herauszufinden, welche geheimen Kräfte das Kajak daran hinderten, sein Ziel zu erreichen. Die Antwort gab eine alte physische Karte, die den Meeresgrund abbildete. Er befand sich über dem Unterwassergebirge von Sierra Leone.
Die Berggipfel reichten bis 700 Meter unter die Wasseroberfläche, also viel höher als der durchschnittliche Meeresboden (5000 Meter tief). Das Wasser hatte an dieser Stelle weniger Platz und strömte schneller. Für Frachter oder Segelschiffe ist eine etwas schnellere Strömung kaum von Bedeutung. Für Olo allerdings war sie ein fast unüberwindbares Hindernis.
Nachdem er diese geheime Kraft entdeckt hatte, beschloss Aleksander, sich aus der Falle zu befreien. Er richtete das Kajak quer zur Strömung aus und paddelte wie ein Wilder. Der Wind half ihm dabei. Nach einigen Stunden Anstrengung hatte er die Hochgebirgsfalle überwunden.

Meeresströmungen

Der Ozean ist keine einheitliche Wassermasse. Stell dir mehrere große Flüsse vor, die in unterschiedliche Richtungen fließen. Das sind die Meeresströmungen. Woher kommen sie? Von uns unbemerkt, dreht sich die Erde beständig um die eigene Achse und setzt die gewaltigen Wassermassen der Weltmeere in Bewegung. Auf die Entstehung der Strömungen haben auch der Wind und die unterschiedlichen Wassertemperaturen Einfluss. Kaltes Wasser ist dichter, warmes Wasser ist dünner und fließt näher an der Oberfläche. Wie der Wind beeinflussen auch die Meeresströmungen die Geschwindigkeit eines Bootes. Wenn ein Schiff gegen die Strömung fährt, wird es rückwärts geschoben. Das Schiff fährt also langsamer und verbraucht mehr Treibstoff.

Kommt ein Kajak in ein Gebiet, in dem es gegen die Strömung fahren muss, braucht es ebenfalls mehr Treibstoff, um vorwärtszukommen. In diesem Fall ist der Treibstoff die Muskelkraft des Fahrers.

Bei der Planung seiner Reise prüfte Aleksander, wo er auf günstige Strömungen treffen könnte und wo er Schwierigkeiten beim Paddeln haben würde.

Auf seiner ersten Expedition setzte ihm vor allem der Nordäquatorialstrom zu. Er trieb das Kajak zehn Wochen lang in unterschiedliche Richtungen. Aleksander musste sich sehr anstrengen, um diesen unsichtbaren Strömungen zu entgehen.

Der größte Strom der Welt

Auf seiner zweiten Tour kreuzte Aleksander Doba den Golfstrom, den größten Strom der Erde, der von Afrika nach Süd- und Nordamerika Richtung Europa fließt. Stell dir nur vor, wie mächtig er ist! Er führt 150-mal mehr Wasser als der größte Fluss der Erde, der Amazonas. Um an die Küste Floridas zu gelangen, musste Aleksander ihn durchqueren. An dieser Stelle erreicht der Golfstrom eine Geschwindigkeit von neun Kilometern pro Stunde und die Wellen im Schnitt eine Höhe von sieben Metern, was etwa einem zweistöckigen Gebäude entspricht. Für das Kajak war das ein Kampf mit einem unberechenbaren Giganten. Für den Kajakfahrer dagegen eine Prüfung in Paddeltechnik. Olo und Olek – so lautete Aleksanders Kosename – bestanden heldenhaft. Nach tagelangem Ringen hatten sie den Golfstrom hinter sich gelassen und näherten sich Florida.

Das Wetter

Um atmosphärische Phänomene vorherzusehen, bediente sich der Kajakfahrer Wettervorhersagen, aber besonders hilfreich war es, Wolken und Wellen zu beobachten. Aus ihrer Form, Dichte und Farbe konnte er viel herauslesen. Wenn kleine Fraktokumuli zu Kumuluswolken wurden und diese wiederum zu Kumulonimbussen heranwuchsen, war das ein Zeichen dafür, dass ein Gewitter aufzog. Dann war der Himmel schwer und drückte nach unten, als würde jemand den Ozean mit einer Decke ersticken wollen. Das Wasser nahm die Farbe von Tinte an. Die Wellen wurden immer höher, erst zwei, dann fünf, dann zehn Meter.

Fraktokumulus – dieser und andere Namen (z. B. Kumulonimbus) bezeichnen die verschiedenen Wolkenarten.

Gewitter – charakteristisch für ein Gewitter sind Blitz und Donner, die häufig von starkem, meist ein paar Stunden andauerndem Regen begleitet werden. Auf dem Atlantik wüten häufig mehrere Gewitter nacheinander.

Sturm – sehr starker Wind, der mehrere Tage dauern kann. Wenn es stürmt, regnet es meist auch.

Gewitter

Wenn diese Urgewalt nahte, machte sich Aleksander schleunigst an seine Vorkehrungen. Er schloss den Eingang zur Kajüte, setzte sich und zog die Abdeckung über das Cockpit. Dann legte er die Spritzdecke und den Gürtel mit den Karabinerhaken an. Er befestigte Seile an seinem Gürtel und am Griff des Kajüteneingangs und nahm das Paddel. Da kam auch schon die erste Böe, und ein heftiger Wolkenbruch ging nieder. Aleksander musste das Kajak mit dem Paddel gegen die Wellen stellen. Wenn die Wellen seitlich an das Boot schlugen, konnte es sich umdrehen oder rollen, sich also um seine eigene Längsachse drehen. Aleksander hatte alle Hände voll zu tun, um zu verhindern, dass das Kajak bei solchen Wetterverhältnissen zu weit von seiner Route abgetrieben wurde.

Sturm

Bei Stürmen, die mehrere Tage dauerten, musste Aleksander sich in seiner Kajüte einschließen und Geduld bewahren. In einem solchen Fall hatte er keine Kontrolle darüber, in welche Richtung der Wind das Kajak trieb. Ein starker Sturm konnte Olo in kurzer Zeit weit vom gewählten Kurs abbringen. Und dann wären viele Stunden Paddelarbeit umsonst gewesen! Was konnte er tun, um das Kajak trotzdem so gut wie möglich auf Kurs zu halten, während er in der Kajüte ausharrte? Hier halfen ihm die Treibanker, an einer langen Leine befestigte Säcke, die aussehen wie Fallschirme. Wenn man sie ins Wasser wirft, öffnen sie sich, und mit der großen Menge Wasser, die sie umfassen, leisten sie dem Wind bis zu einem gewissen Grad Widerstand. Sie spielten auch eine andere wichtige Rolle: Sie hielten das Kajak mit dem Bug gegen die Wellen gerichtet. So lag das Boot sicherer im großen Ozean.

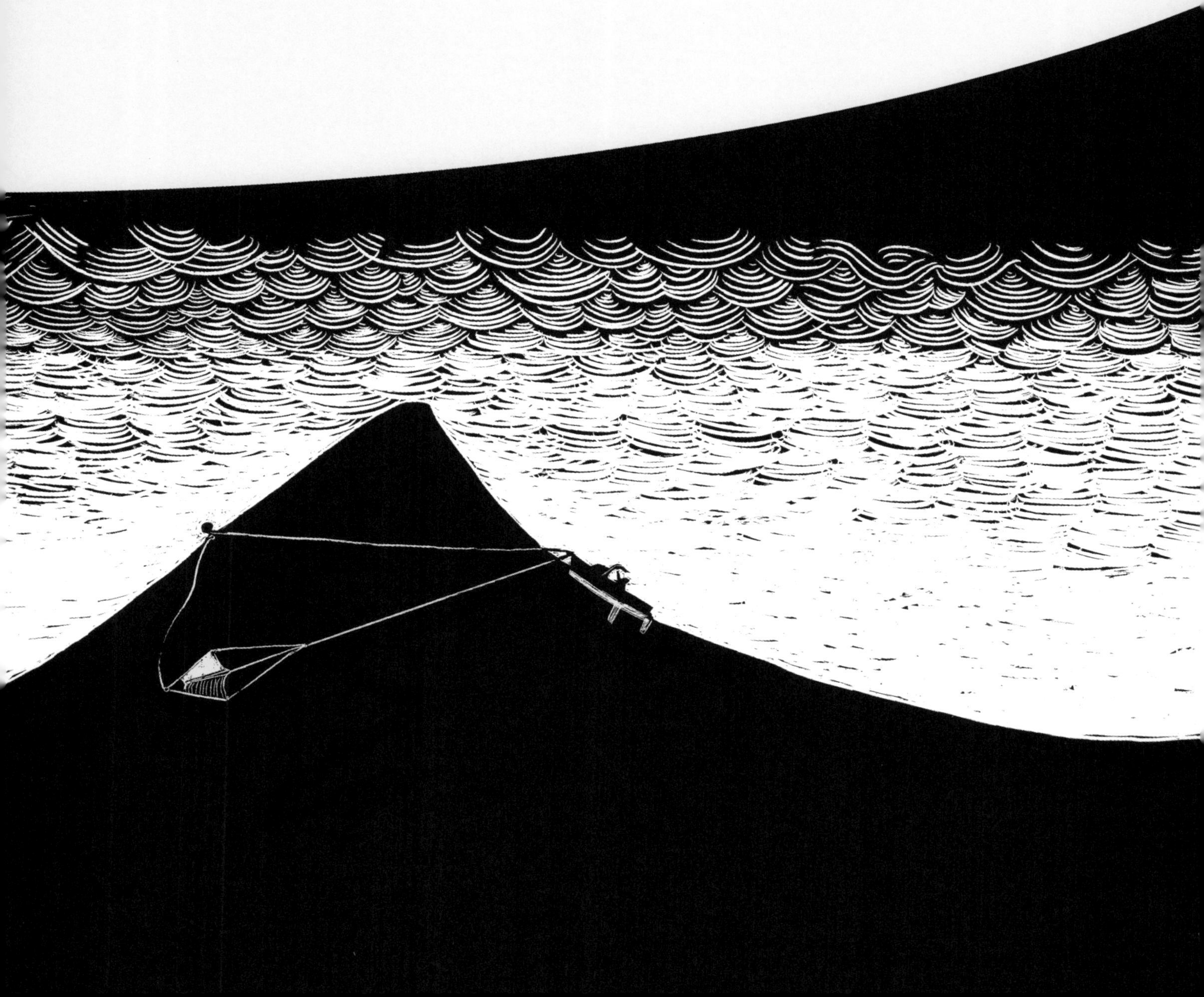

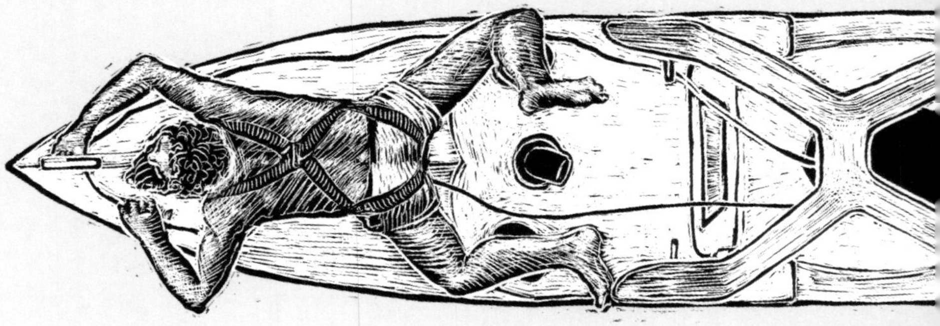

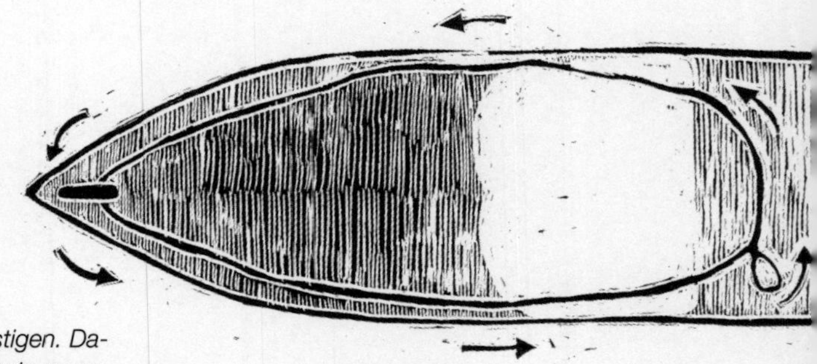

Aleksander wollte den Treibanker am Bug befestigen. Damit er nicht jedes Mal, wenn er ihn brauchte, nach vorne klettern musste, dachte er sich eine Transportvorrichtung für das Seil des Treibankers aus. Diese Vorrichtung sah folgendermaßen aus: Ein Seil mit einer Schlaufe wurde durch den Griff am Bug gezogen. Aleksander musste nur die Leine des Treibankers an der Schlaufe befestigen und ziehen, bis die Schlaufe mit der festgemachten Leine durch den Griff geschlüpft und wieder bei ihm angekommen war. Dann konnte er das Ende der Leine festbinden und der Treibanker tat vorne am Bug seinen Dienst.

Löcher im Cockpit

Weil Aleksander immer weiteren Stürmen die Stirn bieten musste, verbesserte er sein Kajak laufend. Er bohrte Löcher in die Wand, die die Kajüte vom Cockpit trennte. Durch diese Löcher zog er Seile und verband sie mit den Pedalen im Cockpit. So konnte er von innen heraus das Ruder bedienen.

Extremtour

Für die Konstruktion der Transportvorrichtung musste sich Aleksander an den Bug begeben, um ein Seil durch den dort angebrachten Griff zu ziehen. Auf dem schaukelnden Kajak war das keine einfache Aufgabe. Er legte sich den Sicherheitsgurt an und nahm das Seil in die Hand. Als Nächstes schob er sich vorsichtig bäuchlings auf das Kajütendach. Wie eine an das Deck gesaugte Schnecke kroch er zum Bug. Die Raubfische, die in der Nähe schwammen, beobachteten ihn lauernd. Sie warteten wohl nur darauf, dass Aleksander eine falsche Bewegung machte. Das Kajak schaukelte in den Wellen auf und ab. Das Unterfangen war ganz schön gewagt, doch Aleksander bewahrte einen kühlen Kopf. Vorsichtig führte er das Seil durch den Griff und kroch zum Cockpit zurück. Dort band er die zwei Enden zusammen, und die Transportschlaufe war fertig. Er hatte die schwierige Aufgabe gemeistert.

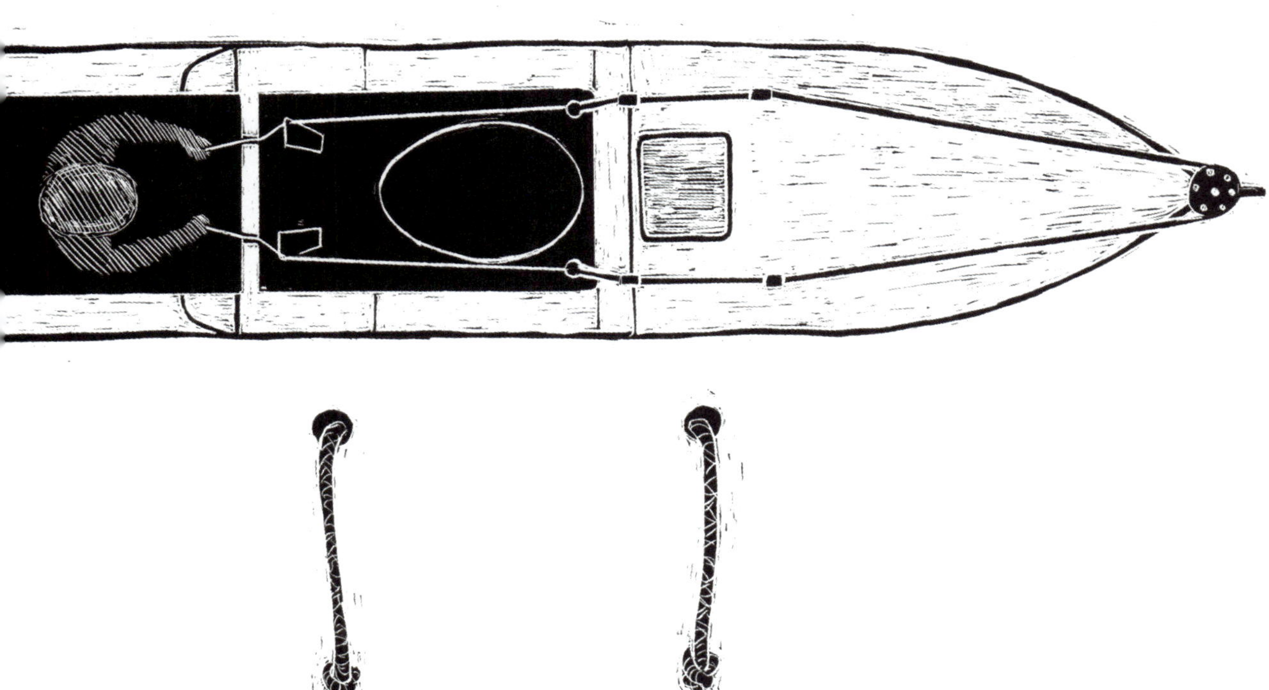

Langeweile kam bei Aleksander nicht auf. Wenn er nicht gerade paddelte, besserte er Schäden aus und optimierte alles, was noch funktionstüchtiger werden sollte oder für mehr Komfort sorgte. Der Verstand des Ingenieurs schlief nie, er arbeitete, tüftelte und überlegte ohne Unterlass.

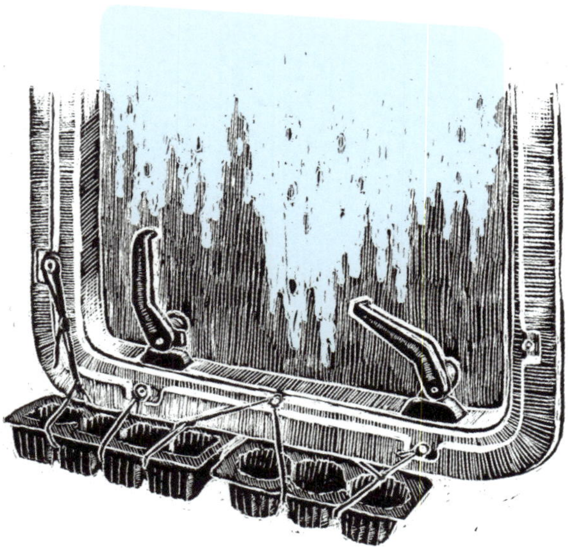

Fast wie im Vier-Sterne-Hotel

Mehr Luxus musste her! Es war an der Zeit, den Schlafkomfort zu verbessern. Wenn Aleksander ein Nickerchen machte, lehnte er die Tür zur Kajüte an, damit ihm nicht die Luft ausging. Das Wasser der sich am Bug brechenden Wellen platschte dem schlafenden Reisenden dadurch so manches Mal durch die Klappe direkt ins Gesicht. Als der Atlantikfahrer eines Tages seinen Nachtisch verspeiste, kam ihm eine zündende Idee: Aus leeren Plastikverpackungen bastelte er ein Auffanggefäß, das er innen unter dem Kajüteneingang befestigte.

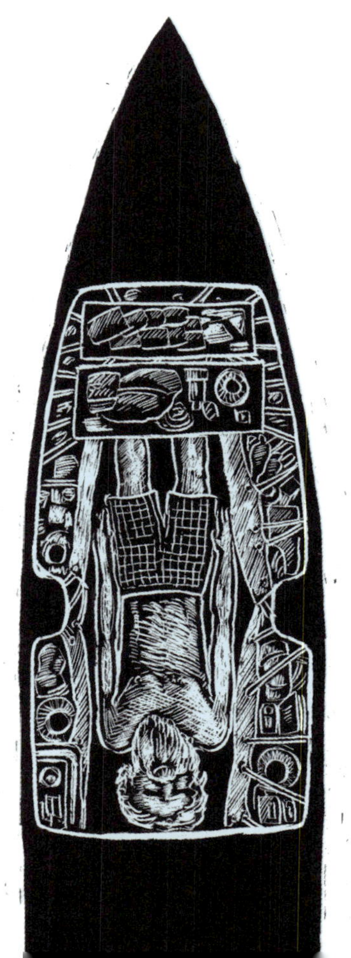

Aleksander als Innenarchitekt

Ein anderes Mal beschloss der Abenteurer, neue Möbel zu bauen, um den Platz besser zu nutzen. Durch die Spanten – das ist das Skelett eines Bootes, auf dem die Außenhaut befestigt wird und das dem Boot Stabilität verleiht – an den Kajütenwänden zog er dünne Seile, sodass sie ein enges Netz bildeten, und legte eine halbierte Isomatte darauf. Auf dem neuen Regal fanden viele Dinge Platz, die bisher auf dem Fußboden im vorderen Teil der Kajüte gelegen hatten. Endlich konnte Aleksander im Liegen die Beine ausstrecken!

Die Geschichte einer Kiste

Als er zu seiner zweiten transatlantischen Kajakfahrt aufbrach, montierte Aleksander am Heck eine Kiste aus Glasfaser. Dort packte er Lebensmittel hinein, die in der Kajüte keinen Platz hatten. Die Kiste erwies sich als multifunktional. Sie war ein guter Aufbewahrungsort für den Proviant, und als dieser aufgegessen war, konnte Aleksander sie als Material für weitere Basteleien nutzen.

Schutzwand

Mit der Säge seines Multitool-Taschenmessers zersägte Aleksander die Wände der Kiste. Als Erstes entstand ein Schutz für den Eingang, eine weitere Sperre, die verhindern sollte, dass Wasser in die Kajüte gelangte. Die Schlafbedingungen wurden immer besser.

Selbststeuerungsanlage

Aus dem Rest des Materials konstruierte Aleksander eine Selbststeuerungsanlage: ein kleines Plastiksegel, das oben am Ruder befestigt war. Wenn Aleksander schlief, korrigierte der Wind die Position des Ruders. Auf diese Weise kam das Kajak nicht von seinem Kurs ab, wenn sich der Kapitän ausruhte.
Es war eine Herausforderung, diese Konstruktion zu montieren. Der einsame Seefahrer musste sich dabei mit Seilen gut sichern. Als Bohrmaschine diente ihm sein Taschenmesser.

Salzwasser

Aleksander Doba ist ein harter Knochen. Jammern und Klagen liegt nicht in seiner Natur. Davon abgesehen, hatte er während seiner Reise auch niemanden, dem er sein Herz ausschütten konnte. Er wusste, dass die Atlantiküberquerung die bestmögliche Ausrüstung und eine gute Kondition erforderte. Unfälle oder Krankheiten durften das Ziel der Expedition nicht gefährden.
Aleksander paddelte sogar dann, wenn es ihm große Schmerzen bereitete, das Paddel überhaupt zu halten. Das den Schaft hinunterfließende Salzwasser weichte die Haut auf und entzündete seine Handflächen. Feuchtigkeit und Salz verhinderten, dass die Wunde heilte.
Hautausschlag und empfindliche Augen erschwerten ihm die Reise ebenfalls, aber der Abenteurer lernte, damit zu leben. Beschwerden, die an Land nur unangenehm waren, konnten auf dem Meer zu größeren Problemen führen, denn Aleksander konnte keinen Arzt um Rat fragen und hatte keinen Zugang zu den nötigen Medikamenten. Er musste sich selbst um seinen Körper kümmern und alle Blessuren und Wehwehchen standhaft ertragen.

Sonne

Paddeln bei strahlendem Sonnenschein stellst du dir angenehm vor? Wenn der ganze Ozean im Licht funkelt? Die Wahrheit ist, dass die Sonne extrem gefährlich sein kann und, wenn der Körper vom Paddeln müde ist, geradezu lebensbedrohlich.
An sonnigen Tagen trennte sich der Kajakfahrer nicht von seiner Schirmkappe, und die zwischen den Bügeln befestigte Plane, mit der er Regenwasser auffing, war zugleich ein wunderbarer Sonnenschirm. Während der zweiten Kajakreise waren die verkleinerten Bügel keine gute Dachkonstruktion, um die Sonne abzuhalten. Die Kappe musste reichen.

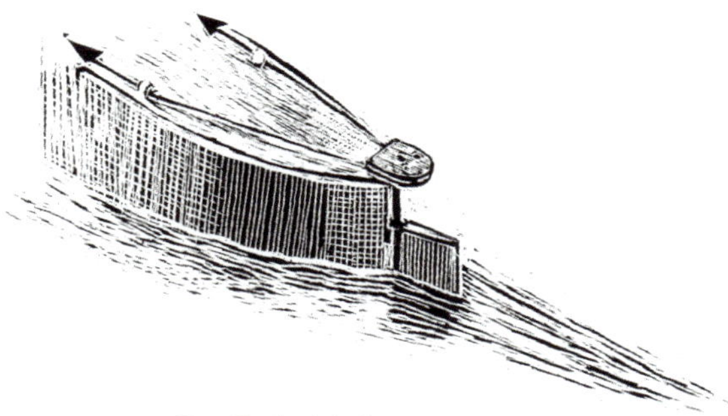

Das Ruder ist eine bewegliche Flosse, die am Heck befestigt ist. Damit kann man den Kurs halten oder die Richtung ändern. Ohne ein funktionierendes Ruder ist das auf einem so schweren Kajak fast unmöglich.

Man kann nicht alles planen. Auch eine gut vorbereitete Reise steckt voller Überraschungen. Das Wetter war schlecht vorherzusehen, aber auch so manches technische Gerät spielte Aleksander gelegentlich einen Streich.

Entsalzungsanlage

Nach fast zehn Wochen Reise versagte die elektrische Entsalzungsanlage. Aleksander krempelte die Ärmel hoch und nahm das Gerät auseinander. Jedes Kabel und jede Schraube reinigte er gründlich. Dann setzte er das Gerät wieder zusammen und schaltete es an. Nichts. Es floss kein Wasser. Er probierte es wieder und wieder. Vergeblich.

Den folgenden Monat über bereitete Aleksander das Wasser mit der handbetriebenen Entsalzungsanlage auf, die er als Ersatz glücklicherweise dabeihatte. Doch innerhalb einer Stunde konnte er nicht einmal drei Liter Süßwasser gewinnen. Nach ein paar Tagen begann er, diese Arbeit mit den Beinen zu verrichten. Sie waren nicht so müde wie die Arme, außerdem war ein wenig Gymnastik ohnehin vonnöten. Welche Ironie des Schicksals, dass auch bald nach Beginn seiner zweiten Reise die Entsalzungsanlage nicht mehr funktionierte. Aleksander zerlegte das Gerät mehrmals, um herauszufinden, wo der Fehler lag. Später stellte sich heraus, dass er das einzige Gerät unter tausend anderen erwischt hatte, das einen Herstellerfehler aufwies. Ausgerechnet dieses hatte der einzige Kajakfahrer auf der Welt gekauft, der allein den Atlantik überquerte!

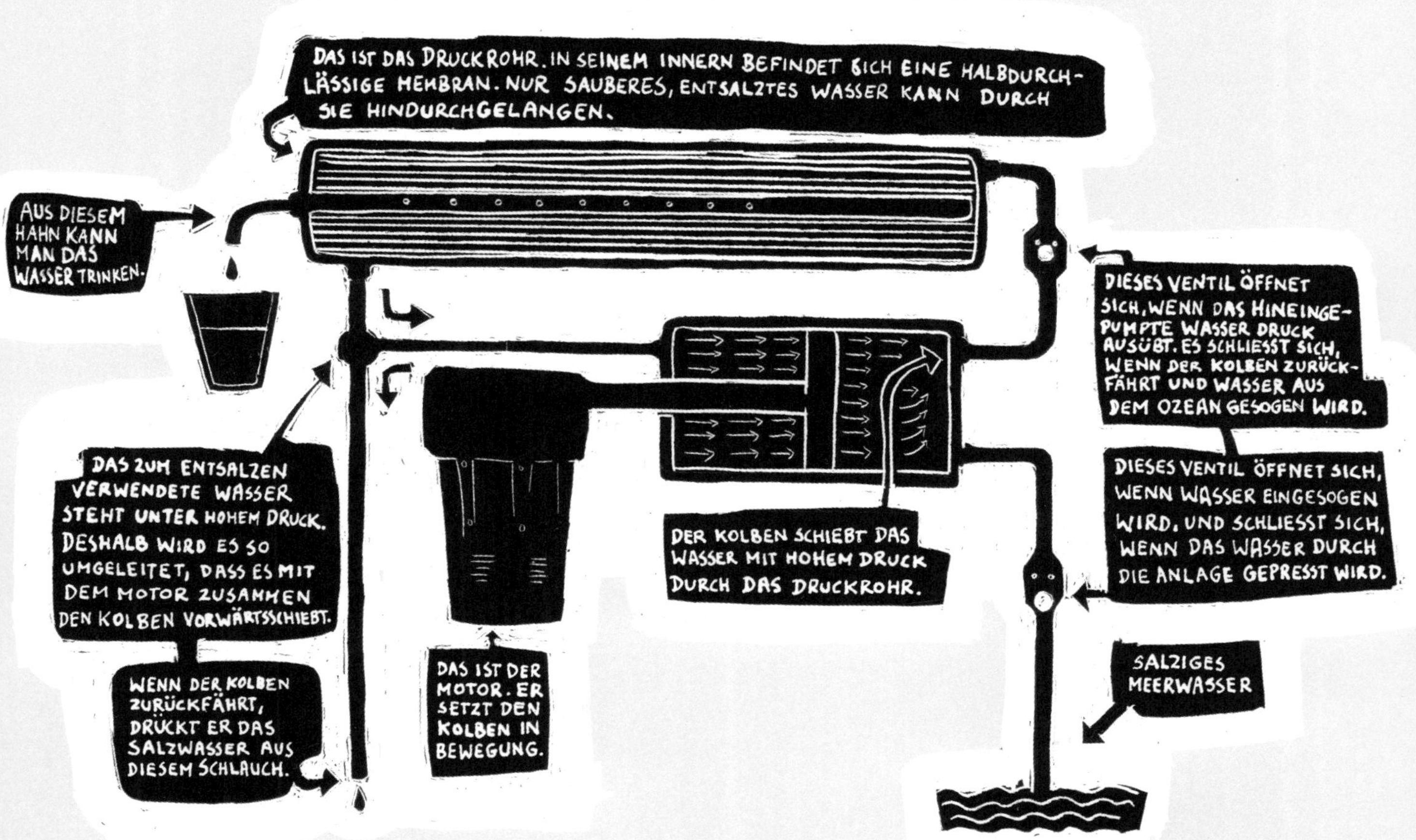
DAS IST DAS DRUCKROHR. IN SEINEM INNERN BEFINDET SICH EINE HALBDURCHLÄSSIGE MEMBRAN. NUR SAUBERES, ENTSALZTES WASSER KANN DURCH SIE HINDURCHGELANGEN.
AUS DIESEM HAHN KANN MAN DAS WASSER TRINKEN.
DIESES VENTIL ÖFFNET SICH, WENN DAS HINEINGEPUMPTE WASSER DRUCK AUSÜBT. ES SCHLIESST SICH, WENN DER KOLBEN ZURÜCKFÄHRT UND WASSER AUS DEM OZEAN GESOGEN WIRD.
DAS ZUM ENTSALZEN VERWENDETE WASSER STEHT UNTER HOHEM DRUCK. DESHALB WIRD ES SO UMGELEITET, DASS ES MIT DEM MOTOR ZUSAMMEN DEN KOLBEN VORWÄRTSSCHIEBT.
DIESES VENTIL ÖFFNET SICH, WENN WASSER EINGESOGEN WIRD, UND SCHLIESST SICH, WENN DAS WASSER DURCH DIE ANLAGE GEPRESST WIRD.
DER KOLBEN SCHIEBT DAS WASSER MIT HOHEM DRUCK DURCH DAS DRUCKROHR.
SALZIGES MEERWASSER
WENN DER KOLBEN ZURÜCKFÄHRT, DRÜCKT ER DAS SALZWASSER AUS DIESEM SCHLAUCH.
DAS IST DER MOTOR. ER SETZT DEN KOLBEN IN BEWEGUNG.

Wo ist das Kajak?

Während Aleksanders zweiter transatlantischer Kajakreise wurde der SPOT Messenger beschädigt. Wasser war durch einen gesprungenen Knopf in das Gerät eingedrungen. Es sendete keine Signale mehr, also erhielt Andrzej Armiński keine Informationen über die Position des Kajaks. Aleksander hatte noch einen Ersatz dabei, ein älteres Modell des Messengers. Er schaltete es nur gelegentlich ein, denn er hatte nur wenige Batterien eingepackt.

SPOT hat zwei wichtige Knöpfe: HELP (Hilfe) – wenn man diesen Knopf drückt, wird eine Nachricht an bestimmte Personen gesendet. Es wird kein Rettungsdienst gerufen. SOS – das ist der Hilferuf. Wenn man diesen Knopf drückt, wird ein Alarmsignal direkt an den Rettungsdienst gesendet.

AAA-Batterien: Davon hatte Aleksander viele, aber sie passten nur in den kaputten SPOT.

AA-Batterien: Davon waren nur wenige an Bord, sie gehörten in den funktionierenden SPOT.

Stille auf dem Ozean

Bei der zweiten Reise gab auch das Satellitentelefon seinen Dienst auf. Der Grund war nicht die Feuchtigkeit oder ein mechanischer Fehler. Der Abenteurer hatte kein Geld mehr auf dem Konto! Seine Familie wusste das nicht. Wie konnte er es ihnen mitteilen?

Missverständnis

HELP – dieses Signal empfing Andrzej Armiński fünfmal. Und genauso oft wurde der Alarm abgebrochen. Armiński benachrichtigte den Schiffsrettungsdienst in Gdingen in Polen. Dieser wiederum gab dem Rettungsdienst der USA Bescheid. Die Information, Aleksander Doba sei in Lebensgefahr, machte die Runde auf dem Ozean. Schiffe, die sich in Aleksanders Nähe befanden, begaben sich auf die Suche. Kurz vor der Abenddämmerung fand das im Zickzack fahrende griechische Schiff Nissos Dellos *das Kajak und seinen Kapitän. Die Seeleute eilten ihm zu Hilfe. Aber Aleksander wollte gar nicht gerettet werden! Er winkte, schüttelte den Kopf, zeigte auf das Telefon und schrie auf Englisch: „Das Telefon ist kaputt!“ Was war passiert? Der Kajakfahrer hatte den HELP-Knopf gedrückt, um seiner Familie zu sagen, dass er Probleme mit dem Satellitentelefon hatte. Er hatte nicht bedacht, dass das Signal falsch verstanden werden könnte und seine Familie und den amerikanischen Seenotrettungsdienst in Aufruhr versetzen würde. Immerhin, nach dieser Aktion lud Aleksanders Frau wieder Guthaben auf das Telefon. Aber es funktionierte trotzdem nicht …*

Keine Verbindung

Aleksanders Freund Piotr Chmieliński, der die Reise von den USA aus koordinierte, forschte weiter nach, warum das Telefon Probleme machte. Er wollte herausfinden, ob Aleksander SMS empfangen konnte. Also schickte er Aleksander Nachrichten:

12.01.2014
Olek, wenn du diese Nachricht erhältst, dann schalte SPOT nicht morgen, sondern übermorgen an.

15.01.2014
Olek, schalte SPOT morgen um 10 Uhr und um 16 Uhr an. Dann kann ich sicher sein, dass du diese Nachricht erhalten hast.

Aleksander reagierte. Er schaltete das Gerät zu den verabredeten Zeiten ein. Piotr Chmieliński vermutete, dass das Problem noch immer mit dem fehlenden Guthaben zu tun hatte, nicht mit dem Gerät. Nachdem sie mehrere Tage lang versucht hatten, Kontakt aufzunehmen, erschien am 3. Februar auf dem Display des Telefons die Information, die Verbindung sei wiederhergestellt.
47 Tage hatte es gedauert, die Ursache für das Problem zu finden.
Woran hatte es gelegen? Es stellte sich heraus, dass die falsche Nummer aufgeladen worden war! Der Betreiber hatte eine Zahl verwechselt und das Geld auf das Konto eines anderen Abonnenten geschickt. Das kommt sehr selten vor. Aber wieder traf es ausgerechnet die Person, die allein den Atlantik überquerte …

Die unterbrochene Verbindung hatte ernste Konsequenzen. Weil Andrzej Armiński ja davon ausging, das Telefon sei kaputt, schickte er keine Wettervorhersagen. Aleksander wusste folglich nicht, welche Gegend er meiden und in welche Richtung er fahren sollte, um ungünstigen Winden zu entgehen. Er befand sich im Gebiet des mysteriösen Bermudadreiecks. Wechselhafte Südwinde ließen das Kajak wie einen Ball auf und ab hüpfen. Sie warfen es in verschiedene Richtungen und machten es dem Kajakfahrer schwer, aus dieser gefährlichen Gegend, in der schon viele Schiffe auf rätselhafte Weise verschwunden sind, herauszukommen.
Als die Verbindung endlich wiederhergestellt war, erhielt Aleksander kurz darauf eine Warnung:

Sturm im Anzug!

Er bereitete das Kajak auf das Unwetter vor und verkroch sich in der Kajüte. Starker Wind und riesige Wellen gingen auf das Kajak los. Krrrach! Der Abenteurer hörte ein alarmierendes Geräusch. Er sah hinaus und bemerkte mit Schrecken, dass das Steuerruder abgerissen war. Ohne Ruder hatte das Kajak keine Chance gegen den Wind und die Strömung.
Das abgerissene Teil musste angeschweißt werden, aber Aleksander hatte natürlich kein Schweißgerät an Bord. Doch er gab nicht auf.

BERMUDA 400km
The Roy
Bermuda Yacht Services.com

Das abgerissene Steuerruder

Aleksander war 400 Kilometer von der Insel Grand Bermuda, der größten der Bermudainseln, entfernt. Er beschloss, die Reise nicht abzubrechen, sondern dort das Ruder zu reparieren, an den Ort zurückzukehren, an dem das Ruder abgerissen war, und die Fahrt fortzusetzen.
Piotr Chmieliński bot seine Hilfe an.
Er flog nach Grand Bermuda, mietete einen Fischkutter und fuhr sofort los, um Aleksander zu suchen. Als der Abenteurer das Schiff entdeckte, zog er schnell eine Badehose an, räumte sein Zuhause so gut es ging auf und winkte freudestrahlend.
Zum ersten Mal seit vielen Tagen sollte er einen Freund treffen! Mit leuchtenden Augen erwartete er ihn. Nach einer herzlichen Begrüßung auf dem Wasser fuhr das Schiff wieder ab und Aleksander nahm die Paddel zur Hand.
Nicht weit von Grand Bermuda entfernt ragen scharfe Felsen aus dem Wasser, rund um die Inseln liegt ein Korallenriff. Das ist ein gefährliches Hindernis unter Wasser – und Strömung und Wellen trieben das Kajak immer näher darauf zu.
Erst zwei Stunden vor Sonnenuntergang, als die Strömung nicht mehr gefährlich war, kam das Schiff mit Piotr Chmieliński und begleitete den Kajakfahrer zum Hafen.
Am Morgen kamen sie ans Ziel, und der Reisende setzte zum ersten Mal seit 142 Tagen einen Fuß an Land. Er wurde von den Bewohnern herzlich empfangen.
Das Ruder zu reparieren dauerte nur ein paar Stunden. Viel schwieriger aber war es, Aleksander und Olo an den Ort zurückzubringen, an dem sie die Fahrt unterbrochen hatten.

Aleksander fuhr jeden Tag in den Hafen, um sich nach einem Schiff umzusehen, das ihm helfen konnte, zu seiner Reiseroute zurückzukehren. Aber die Hurrikansaison stand vor der Tür, Schiffe und Segelboote mieden diese Region.
Viele Menschen träumen davon, auf einer schönen Insel festzusitzen, aber Aleksander frustrierte diese Zwangspause. Eine Lokalzeitung schrieb über die Probleme des Reisenden. Jim Butterfield, ein reicher Unternehmer, las den Artikel und bot seine Hilfe an. Er finanzierte eine Fahrt mit dem Segelschiff Spirit of Bermuda.
Es sollte Aleksander und Olo an die Stelle zurückbringen, an der das Steuerruder abgerissen und die Reise unterbrochen worden war. Nach zwei Tagen auf dem Meer verschlechterte sich das Wetter von Stunde zu Stunde. Der Wind wurde immer stärker. Das Segelschiff musste umdrehen, um dem Sturm zu entgehen. Aleksander flehte den Kapitän an, ihm die Erlaubnis zu geben, das Kajak ins Wasser zu lassen. Der willigte schließlich zögernd ein. Das an einem Seil heruntergelassene Kajak schaukelte gefährlich in alle Richtungen. Mehrere Männer stießen es von der Bordwand weg. Der Pole sprang ins Kajak. „Leinen los!“, schrie er, aber zu spät: Das Kajak schlug gegen die Bordwand des Seglers. Es ertönte ein lauter Knall. Die Bügel des Kajaks fielen Aleksander in den Schoß. Das war das Ende der Reise ... zumindest meinte das die Besatzung des Segelschiffs.

Je weniger, desto besser

Aleksander aber freute sich! Schon lange wollte er die Bügel loswerden. Sie störten ihn und verlangsamten die Fahrt des Kajaks bei Gegenwind. Der Abenteurer meinte, dass das Kajak auch ohne sie sicher sein würde. Zufrieden winkte er der verwunderten Crew, nahm die Funkantenne und das Navigationslicht ab und warf die nutzlosen Bügel den Haien zum Fraß vor.

Bis zum Ziel seiner Reise fehlten ihm noch 1400 Seemeilen. Aus einer leeren Colaflasche und einer Saftverpackung konstruierte er einen Sockel und einen Schirm für die beschädigte Navigationslampe. Die Löcher, die die abgerissenen Bügel hinterlassen hatten, stopfte er mit den Hälften der Ersatzpaddel zu. An der Spitze befestigte er die Funkantenne. Das Kajak war bereit für die Weiterfahrt.

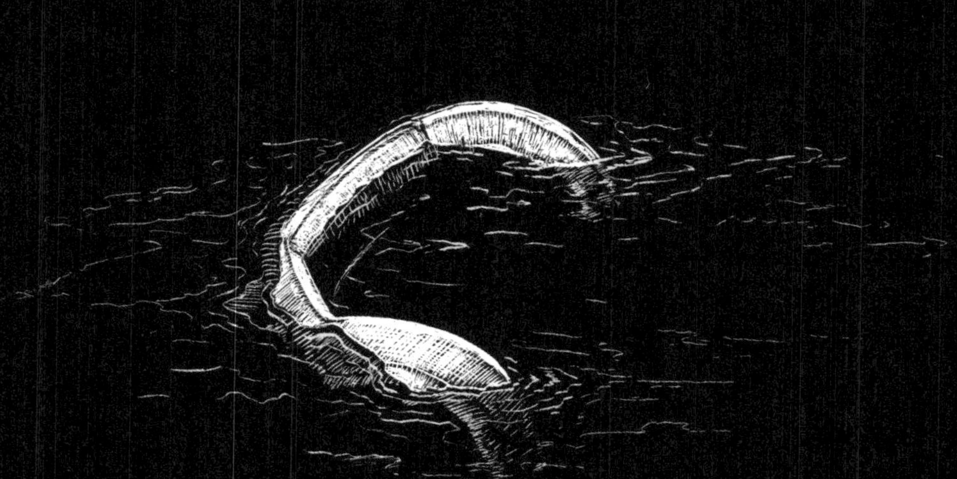

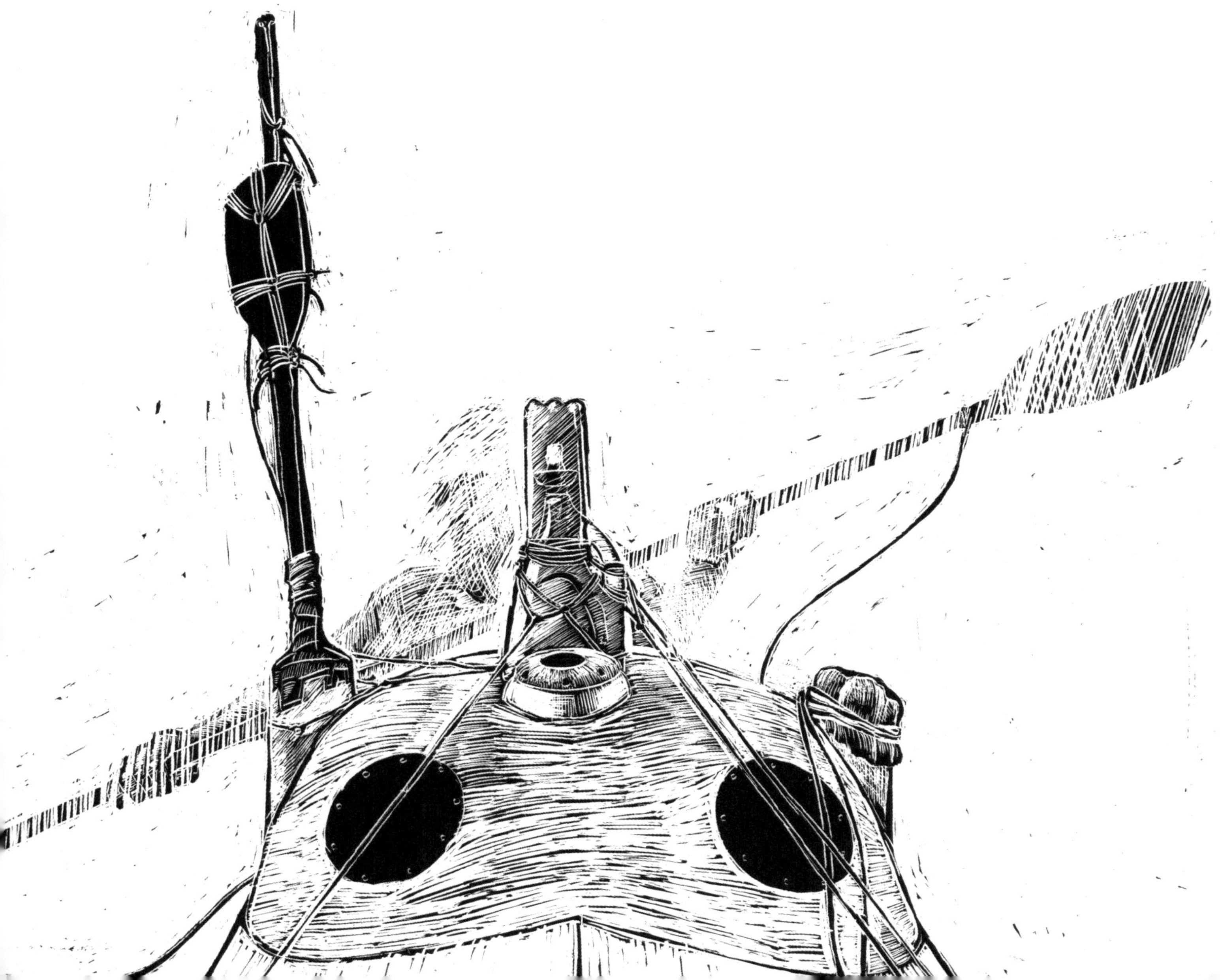

Einige Monate später ...

Während der ersten beiden transatlantischen Expeditionen brachte Aleksander Doba Tausende von Kilometern hinter sich und erlebte so manches Abenteuer. Jedes Mal, wenn sich die Fahrt dem Ende zuneigte, freute er sich, bald anzukommen. Aber er musste aufmerksam bleiben, solange er das Land noch nicht erreicht hatte. Auf dem Meer kann immer etwas passieren.

Um nach der ersten Reise gen Südamerika und nach der zweiten Reise gen Nordamerika ans Ziel zu kommen, hatte Aleksander mit den Strömungen an der Küste, Sandbänken und aus dem Wasser ragenden Felsen zu kämpfen. Doch weil der Abenteurer so erfahren und ausdauernd war, ging er siegreich aus den Gefechten mit den Elementen hervor und erreichte schließlich wohlbehalten das Ufer.

Eine Eskorte zum Ziel

Den letzten Abschnitt musste Aleksander nicht allein zurücklegen. Am Ende der zweiten Fahrt wurde der Abenteurer auf dem Meer von einer großen Gruppe Kajakfahrer begrüßt. Sie eskortierten ihn bis an die nordamerikanische Küste. An Land warteten viele Freunde und Fans. Die Begrüßung dauerte endlos, aber Aleksander, wie er eben war, lächelte geduldig und dachte im Stillen schon über seine nächste Reise nach. Auf Wiedersehen auf dem Ozean!

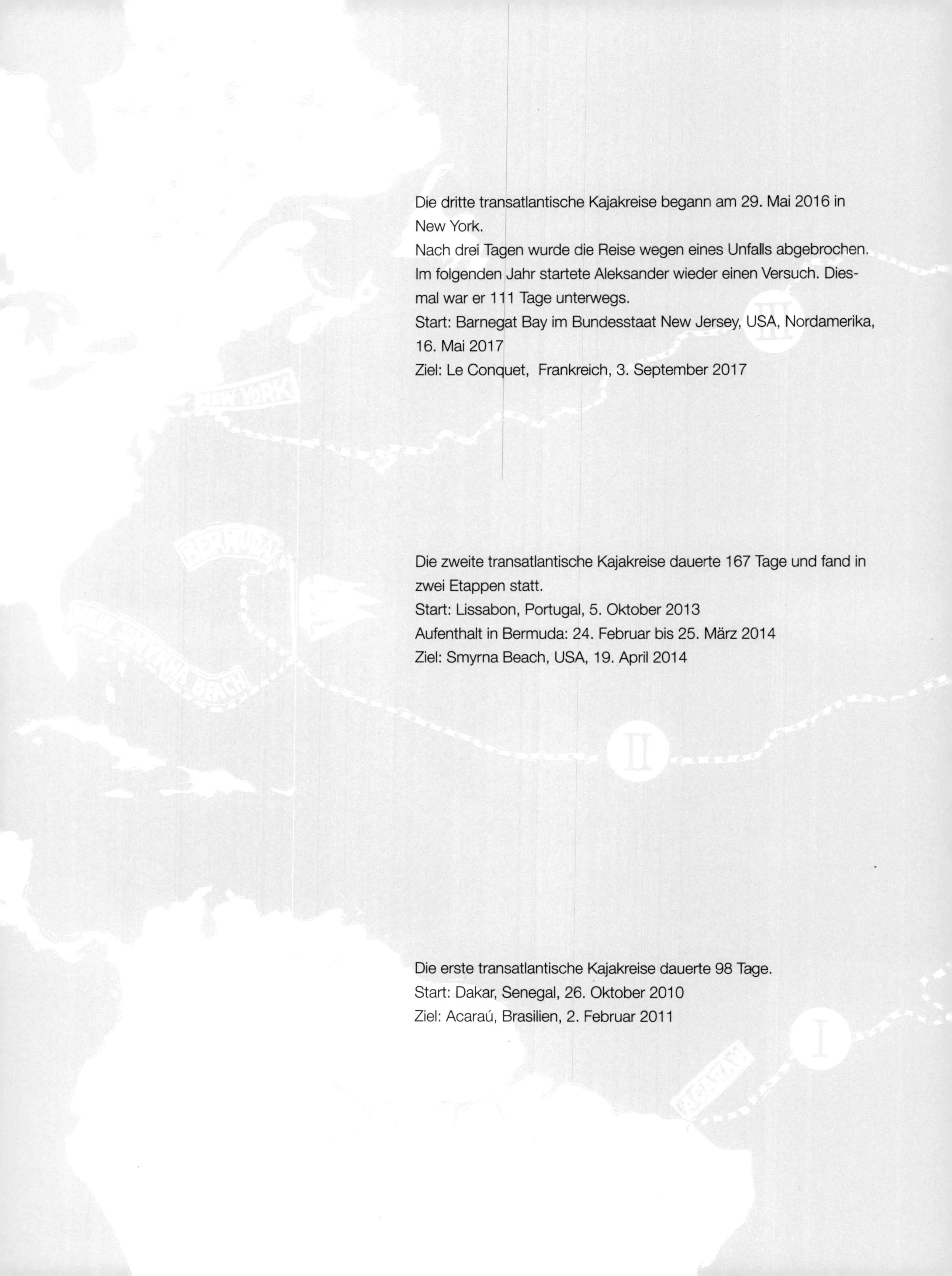

Die dritte transatlantische Kajakreise begann am 29. Mai 2016 in New York.
Nach drei Tagen wurde die Reise wegen eines Unfalls abgebrochen.
Im folgenden Jahr startete Aleksander wieder einen Versuch. Diesmal war er 111 Tage unterwegs.
Start: Barnegat Bay im Bundesstaat New Jersey, USA, Nordamerika, 16. Mai 2017
Ziel: Le Conquet, Frankreich, 3. September 2017

Die zweite transatlantische Kajakreise dauerte 167 Tage und fand in zwei Etappen statt.
Start: Lissabon, Portugal, 5. Oktober 2013
Aufenthalt in Bermuda: 24. Februar bis 25. März 2014
Ziel: Smyrna Beach, USA, 19. April 2014

Die erste transatlantische Kajakreise dauerte 98 Tage.
Start: Dakar, Senegal, 26. Oktober 2010
Ziel: Acaraú, Brasilien, 2. Februar 2011

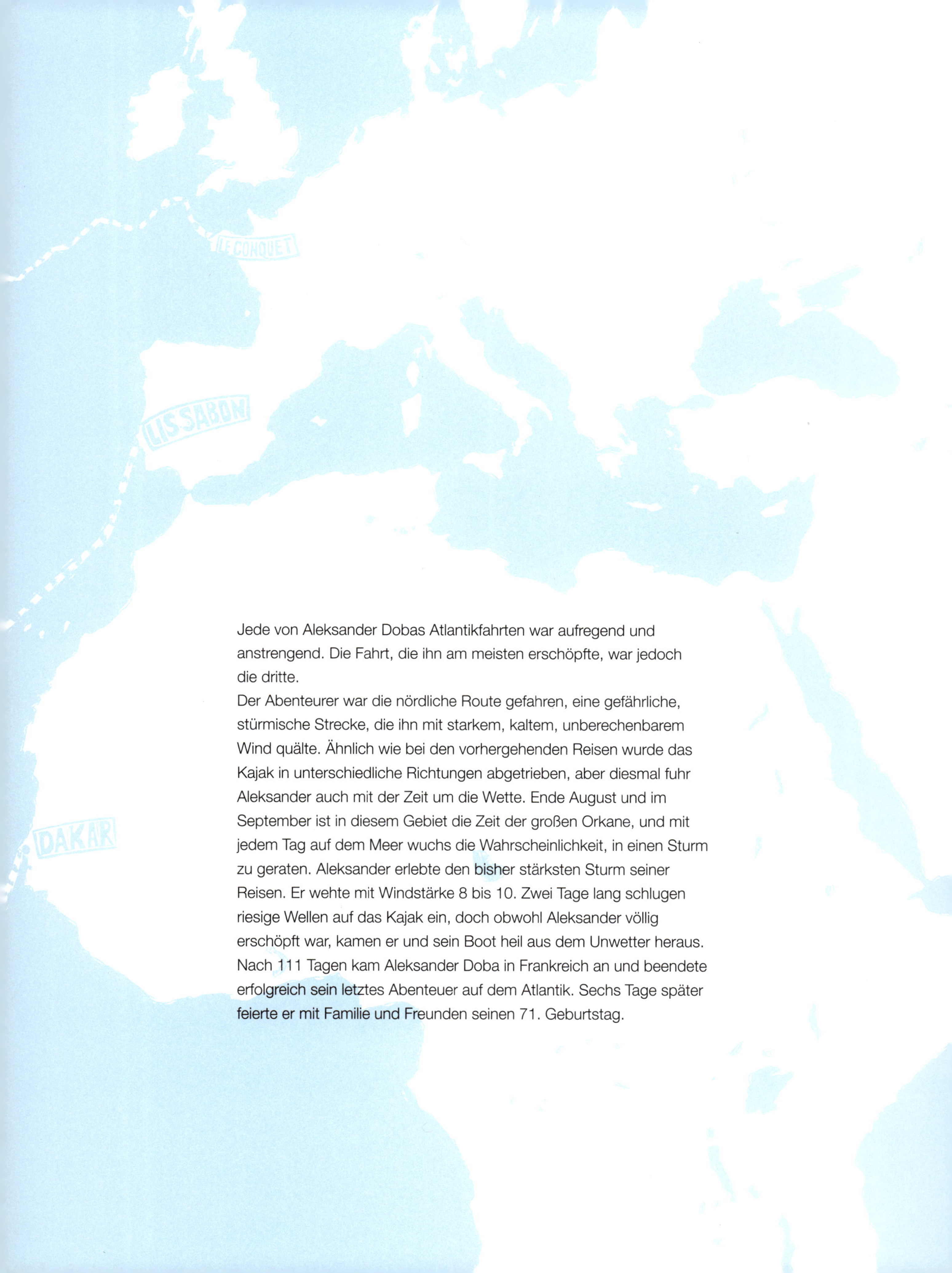

Jede von Aleksander Dobas Atlantikfahrten war aufregend und anstrengend. Die Fahrt, die ihn am meisten erschöpfte, war jedoch die dritte.

Der Abenteurer war die nördliche Route gefahren, eine gefährliche, stürmische Strecke, die ihn mit starkem, kaltem, unberechenbarem Wind quälte. Ähnlich wie bei den vorhergehenden Reisen wurde das Kajak in unterschiedliche Richtungen abgetrieben, aber diesmal fuhr Aleksander auch mit der Zeit um die Wette. Ende August und im September ist in diesem Gebiet die Zeit der großen Orkane, und mit jedem Tag auf dem Meer wuchs die Wahrscheinlichkeit, in einen Sturm zu geraten. Aleksander erlebte den bisher stärksten Sturm seiner Reisen. Er wehte mit Windstärke 8 bis 10. Zwei Tage lang schlugen riesige Wellen auf das Kajak ein, doch obwohl Aleksander völlig erschöpft war, kamen er und sein Boot heil aus dem Unwetter heraus. Nach 111 Tagen kam Aleksander Doba in Frankreich an und beendete erfolgreich sein letztes Abenteuer auf dem Atlantik. Sechs Tage später feierte er mit Familie und Freunden seinen 71. Geburtstag.

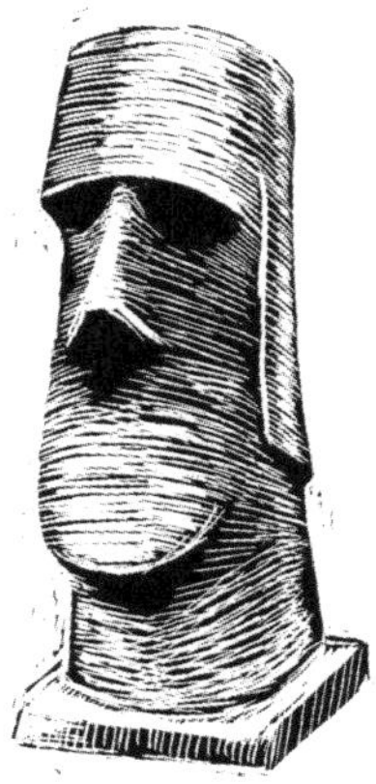

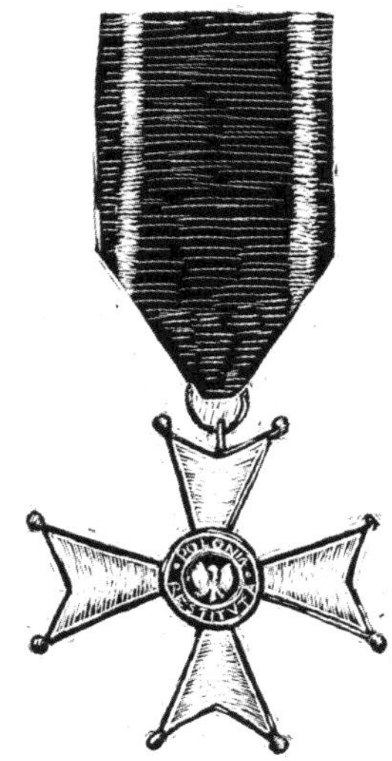

AUSZEICHNUNGEN

Aleksander Doba ist der erste Mensch in der Geschichte, der den Atlantik von einem Kontinent zum anderen ganz alleine in einem Kajak ohne Segel überquert und dabei eine so große Distanz zurückgelegt hat. Für diese Leistung erhielt er von der Zeitschrift *National Geographic* den Titel „Adventurer of the Year 2015“. 2013 hatte er für frühere Leistungen schon den „Super Kolos“ bekommen, einen wichtigen polnischen Preis für Abenteuerreisende. Vom polnischen Präsidenten Bronisław Komorowski wurde er 2015 mit dem Orden „Polonia Restituta“ ausgezeichnet.

BOOK INSTITUTE
©POLAND

This publication has been supported by the © POLAND Translation Program

Diese Publikation wurde gefördert vom Polnischen Buchinstitut.

Die Autoren danken Aleksander Doba für das Vertrauen und die Unterstützung dieses Projekts. Dank gebührt auch Agnieszka Kośmicka, Magdalena Kruszewska, Mateusz Labuda, Maciej Ślusarek und Elżbieta Żochowska.

Der Gerstenberg Verlag dankt Jörg Knorr, Kajakexperte, für die fachliche Durchsicht.

Die Originalausgabe erschien 2017 unter dem Titel *Doba na oceanie. Jak przepłynąć Atlantyk kajakiem?* bei Druganoga Bartłomiej Ignaciuk, Warschau.
Copyright © Agata Loth-Ignaciuk, Bartłomiej Ignaciuk, 2017

Illustrationen: Bartłomiej Ignaciuk
Text: Agata Loth-Ignaciuk
Beratung: Aleksander Doba

Copyright der deutschen Ausgabe © 2019 Gerstenberg Verlag, Hildesheim
Alle deutschsprachigen Rechte vorbehalten
Aus dem Polnischen von Marlena Breuer, Weil der Stadt
This translation is published by arrangement with Wydawnictwo Druganoga Agata Loth-Ignaciuk, Poland.
All Rights Reserved.
Printed in Latvia
www.gerstenberg-verlag.de
ISBN 978-3-8369-6014-4